DU VOL

DES OISEAUX

PARIS. — IMP. SIMON RAÇON ET COMP., RUE D'ERFURTH, 1.

DU VOL

DES OISEAUX

DES SEPT LOIS DU VOL RAMÉ
ET DES HUIT LOIS DU VOL A VOILE

PAR

M. D'ESTERNO

PARIS

A LA LIBRAIRIE NOUVELLE

BOULEVARD DES ITALIENS, 15

AU COIN DE LA RUE GRAMMONT

1865

PRÉFACE

DE LA DEUXIÈME ÉDITION

Il y a plus de trente ans que j'ai commencé mes observations sur le vol des oiseaux ; c'est par une imitation, et non par une description, que je comptais en présenter les résultats.

Mes dispositions furent changées par la lecture d'un *Bulletin scientifique*, publié dans le *Constitutionnel* du 26 septembre 1865, par l'un de nos savants les plus distingués et les mieux doués de l'art de se faire lire.

Ce bulletin sur l'*Aile de l'oiseau* se terminait en ces termes :

« Le lecteur sent, comme moi, qu'il y a encore
« beaucoup à faire pour avoir le secret du vol des
« oiseaux, des insectes, des poissons, des chauves-
« souris. A mesure que les notions de mécanique
« deviendront plus familières aux naturalistes et aux
« observateurs, les merveilles du vol prendront une

« plus large part dans la science. Je vais redire,
« rediter, ou si l'on veut, *radoter* cette sentence :
« *Après la puissance créatrice à laquelle rien ne peut*
« *se comparer, le premier rang appartient à l'intelli-*
« *gence qui a pénétré les secrets du créateur.* »

Mon attention fut vivement excitée par cette conclusion qui exaltait, en termes magnifiques, l'importance de la découverte future et glorifiait d'avance
le kepler aéronautique qu'elle semblait appeler.

Elle fut encore plus excitée par le corps même de
l'article qui établissait clairement l'état de la science
et le point ou les connaissances humaines étaient
parvenues. Il en résulta, pour moi, la certitude que le
vol des oiseaux était encore *un secret* et que ses
grandes lois étaient complétement inconnues.

On me dira peut-être que j'aurais dû m'en douter
plus tôt et avoir pris la peine de faire précédemment
quelques recherches pour m'en assurer. C'est bien ce
qui était arrivé et je n'avais rien lu ou entendu dire
qui me satisfît : mais l'étude du vol des oiseaux produit une étrange illusion d'optique ou plutôt d'imagination. Aussitôt qu'on en a pénétré le mécanisme,
il paraît si parfaitement clair et si accessible à toutes
les intelligences qu'on ne peut plus croire qu'il n'est
pas compris par tous ceux qui ont occasion de le considérer une fois : je me sentais donc toujours entraîné à penser que l'application seule pouvait être
nouvelle, que, pour l'étude simple, je devais avoir été
devancé et que mes observations ne seraient qu'une
répétition d'observations précédentes inconnues de
moi. C'est là-dessus que le Bulletin me rassura d'une

manière complète. Il émanait d'un savant bien connu non-seulement pour la variété de ses travaux, mais encore pour leur spécialité en fait de navigation aérienne ; M. Babinet s'en était toujours occupé avec amour.

Je compris donc que j'arrivais en temps utile et il me sembla en outre que j'arrivais en temps opportun. Les études aéronautiques paraissaient entrer dans la voie du vrai en revenant à l'imitation des œuvres du créateur, et en substituant les appareils plus lourds que l'air aux appareils plus légers qui, depuis Montgolfier, avaient absorbé toutes les imaginations : seulement, comme je redoutais fort le jugement des savants et comme je craignais de voir mes théories niées et battues en brèche, je résolus de les restreindre au plus strict nécessaire, afin d'offrir la moindre surface possible à la critique : je présentai donc un résumé succinct.

Aujourd'hui, un peu rassuré sur l'accueil qui m'attendait, je viens donner les développements que demandait réellement le sujet et qui pourront, à ce qu'il me semble, le faire clairement comprendre de tous.

Les recherches sur le vol des oiseaux et sur son imitation remontent à Archytas, qui fut l'inventeur de la poulie, de la vis, etc. ; il fut l'un des maîtres de Platon et l'un des grands hommes de son époque, comme savant, comme capitaine et comme homme d'État. En cherchant le vol, il découvrit le cerf-volant ; depuis lui, l'art n'a pas fait un pas et nous devons le reprendre où il l'a laissé quatre cents avant Jésus-Christ. Espérons qu'il ne s'écoulera pas une semblable période, avant qu'un nouveau pas soit fait, le pas décisif et dernier, celui qui fera passer les doctrines dans la pratique et les théories dans l'application.

Beaucoup de gens repoussent comme une chimère la navigation aérienne et tout ce qui s'y rattache ; — ils trouveront autre chose dans cet écrit. Ils y trouveront une étude d'histoire naturelle sur un point jusqu'ici inobservé ou incompris. Il ne m'appartient pas de décider si elle est réussie ; mais plus ils l'approfondiront, plus ils acquerront la certitude qu'elle a été consciencieuse.

DU VOL

DES OISEAUX

CHAPITRE PREMIER

DU VOL EN GÉNÉRAL

La direction donnée, depuis trente ans, aux recherches aéronautiques m'a toujours causé le plus vif étonnement. On désirait se diriger dans l'air et, pour cela, on a voulu *inventer* l'art du vol, comme s'il n'était pas connu et pratiqué, au vu et au su de tous, depuis la création du monde, par des milliards de créatures ailées.

Que dirait-on d'un homme qui voudrait aujourd'hui *inventer* la vapeur, au lieu d'aller voir simplement fonctionner une locomotive et acquérir, en une heure d'étude, tout le savoir résultant de quarante ans d'expériences et de découvertes ?

Il est vrai qu'il fallait un peu plus de temps et de travail pour découvrir les lois compliquées du vol aérien. Les oiseaux

n'expliquent pas leurs actions, comme le font les machi-
nistes : mais, s'ils ne les expliquent pas, ils ne les cachent
pas non plus. Leur vol est un cours public d'aéronautation et
une série non interrompue d'expériences mises à la portée de
tous ; un observateur patient ne peut manquer d'arriver,
par la seule inspection, à en saisir le mécanisme.

Cependant, en l'exposant tout entier, je crois bien que j'é-
pargnerai quelque travail à mes successeurs.

Je vais parler du vol des gros oiseaux, laissant, presque
de côté, le vol des petits et celui des insectes : celui des insectes, parce que ses détails échappent à l'œil, et qu'ayant
systématiquement borné mes études aéronautiques à des observations, je n'en saurais rendre un compte satisfaisant ;
celui des petits oiseaux, parce que tout ce qui ne pèse pas
200 ou 300 grammes pratique un vol saccadé qui se compose d'une suite de bonds (V. fig. 16) ; ce vol ne peut être
d'aucun usage pour les grands oiseaux, à plus forte raison
pour les êtres plus pesants que les gros oiseaux volants.

Les petits oiseaux ont encore une habitude qui rend leur
vol absolument inimitable pour les êtres doués de quelque
pesanteur : c'est de fermer les ailes après chaque coup de
rame et de les rouvrir pour le coup suivant (V. fig. 16).
Cette méthode facilite leur passage à travers les branches
d'arbres : les grands oiseaux, qui tiennent toujours les ailes
étendues, ne peuvent pas les y suivre ; ils s'y briseraient les
ailes. Je n'ai vu aucun oiseau du poids de 400 grammes pratiquer le vol des petits oiseaux qu'on doit appeler *vol sauté*
ou *vol plié*.

Les plus gros oiseaux volants sont, je crois, le condor et
l'albatros. Ils pèsent, dit-on, jusqu'à 18 et 20 kilog. Les pélicans, les cygnes pèsent, dit-on, jusqu'à 15 kilog.

L'autruche, le casoar, le nandou pèsent bien davantage ;
ces trois oiseaux ne volent pas.

Le dronte était fort lourd ; c'est une espèce éteinte, quoiqu'elle ait subsisté presque jusqu'à nos jours : du reste, il
ne volait pas plus que les trois précédents.

Il y a eu des oiseaux monstres qui ont disparu. Tels étaient l'Épiornis, le Gastornix Parisiensis, les Dinornis, etc. Auprès d'eux, l'autruche de nos jours aurait été un oiseau nain. Ces animaux, bien qu'ils ne soient pas tous antédiluviens, ne nous sont connus que par des ossements déjà anciens. Un autre, tout aussi colossal, a laissé, à la Nouvelle-Zélande, des traces établissant son existence à une époque excessivement rapprochée de nous, comme par exemple, suivant quelques-uns, au commencement du siècle actuel. On en a induit que peut-être il pouvait encore exister dans l'intérieur de l'île.

Sans avoir étudié aucun de ces oiseaux, je crois pouvoir, *a priori*, affirmer qu'ils ne volaient pas. Ce n'est pas que l'exercice du vol soit plus difficile à un gros oiseau qu'à un petit. La facilité du vol, une fois *commencé*, croît, au contraire, avec le poids du corps et la dimension des ailes ; mais il n'en est pas de même du vol *commençant* (*V.* chap. xiv, *De l'essor*). Ce n'est pas tout que de se soutenir en l'air : il faut encore, et, avant tout, s'y élever. Les colosses dont nous avons les ossements n'auraient jamais pu quitter le sol, à moins qu'il n'y ait eu, à leur époque, des vents perpétuels et plus violents que les nôtres, ou une atmosphère beaucoup plus dense.

Je vais décrire les deux méthodes de vol que pratiquent, de nos jours, les grands oiseaux, le vol ramé et le vol à voile. Mais auparavant il est nécessaire d'entrer dans quelques considérations générales.

Ce qui constitue essentiellement le vol, c'est la possession et l'emploi d'une lame flexible ou rigide à volonté, très-mince, très-étendue et agissant toujours au-dessus du centre de gravité de l'oiseau. Cette lame coupe l'air dans le sens de sa moindre épaisseur tournée ordinairement vers l'horizon et toujours dans le sens approximatif de la marche de l'oiseau. Elle s'appuie sur la résistance de l'air dans le sens de sa plus large surface toujours tournée à peu près vers le centre de la terre, pour résister à la force de gravitation.

Cette lame, bien *qu'à peu près* plate comme position moyenne, et lorsque l'oiseau ne fait pas de battements d'ailes, se prête néanmoins à des mouvements divers qui vont être décrits et dont l'ensemble compose le vol complet.

Il y a dans le vol trois parties distinctes : l'*équilibre*, la *direction*, l'*impulsion*. C'est dans cet ordre que nous allons les exposer.

CHAPITRE II

DE L'ÉQUILIBRE

Si l'oiseau, en volant, modifiait la position horizontale de
ses ailes ; si, au lieu de présenter à
la terre leur surface inférieure qui
est très-étendue (fig. 1), il lui présentait leur surface antérieure, ou
postérieure ou latérale, qui est très-
étroite (fig. 2) : il tomberait aussitôt, comme tout autre corps

Fig. 1.

Fig. 2

grave et privé de la faculté de voler ; et en effet l'oiseau en
est privé lorsqu'il se trouve placé dans la position qui vient

d'être décrite. Il la prend quelquefois pour se laisser descendre avec une grande rapidité (des corbeaux notamment le font, quoique dans des cas assez rares); ce n'est plus du vol, c'est de la chute; le vol exige que la grande surface des ailes demeure à peu près parallèle à l'horizon. Cependant elle tend sans cesse à perdre son parallélisme et l'oiseau doit le rétablir à chaque instant, sous peine de cesser de voler.

Le mécanisme est des plus simples; lorsque l'appareil incline de manière à faire craindre à l'oiseau un renversement sur la droite, il porte à gauche son centre de gravité a, comme le montre le tracé pointillé (fig. 5), ce qui force l'aile gauche à s'abaisser et l'aile droite à se relever d'autant.

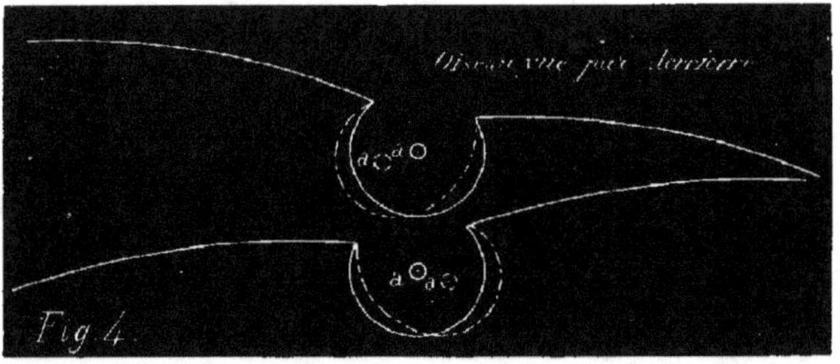

Fig. 4.

Pour prévenir le renversement vers la gauche, il produit le mouvement contraire; il porte son centre de gravité à droite (fig. 4).

Fig. 5.

Il arrive tout aussi souvent que l'équilibre tend à se détruire d'avant en arrière, ou *vice versa*.

L'oiseau y pourvoit également au moyen du déplacement de son centre de gravité, comme il est indiqué (fig. 4).

Les ailes au trait plein indiquent la position de l'oiseau qui se sent horizontal et veut rester horizontal.

Les ailes au pointillé A indiquent la position de l'oiseau qui se sent pencher en avant et veut ramener son équilibre en arrière.

Les ailes au pointillé B indiquent la position de l'oiseau qui se sent pencher en arrière et veut ramener son équili-bre en avant.

CHAPITRE III

DE LA DIRECTION

Si l'on suppose une lame étendue et mince posée à plat
sur l'air atmosphérique, elle descendra soit verticalement,
soit diagonalement : verticalement, si le centre de gravité
coïncide avec le centre de surface et de résistance ; diagonalement, si le centre de gravité ne coïncide pas. Pour plus de
clarté, supposons que cette surface, au lieu d'être découpée
en forme d'ailes et de queue, soit un disque mince et plat.
Ce disque descendra verticalement, si le centre de gravité *a*
demeure au centre de la surface (V. fig. 6).

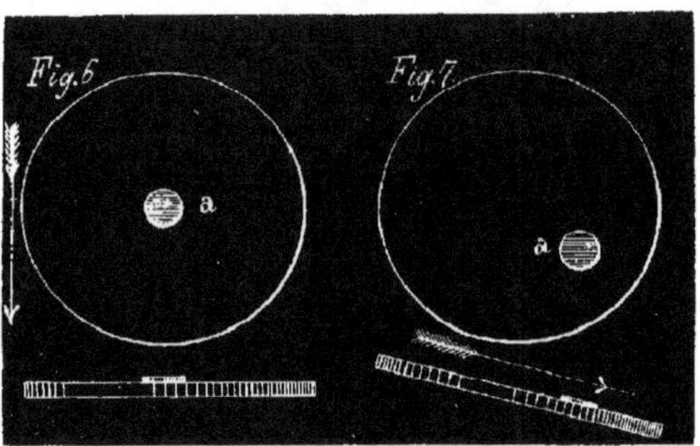

Mais si le centre de gravité se déplace, la descente s'opé-
rera en diagonale du côté où le centre de gravité se sera
jeté (V. fig. 7)

Dans ce dernier cas, une partie de la hauteur acquise se transforme en force de translation ; l'oiseau glisse comme sur un plan incliné et, tant qu'il n'a pas perdu toute son élévation, il avance en descendant sans aucun effort.

Comment règle-t-il son degré de vitesse ?

1° En augmentant ou en diminuant l'écart entre le centre de gravité et le centre de surface ou de résistance, comme je l'ai indiqué à la fig. 4.

2° L'aile pivote à volonté sur son attache, c'est-à-dire l'humérus sur l'omoplate, de manière à varier, suivant le besoin, l'angle que sa surface inférieure présente à l'air dans le sens de la marche, c'est-à-dire suivant l'une des directions tracées fig. 20.

Plus cet angle est obtus, c'est-à-dire plus le plan de l'aile s'écarte de l'horizontale, plus la marche se ralentit : la perte de la hauteur acquise diminue aussi dans la même proportion. Plus, au contraire, le plan de l'aile est rapproché de l'horizontale, plus augmentent la vitesse et, dans la même proportion, la perte de la hauteur acquise.

3° L'oiseau courbe sa surface dans le sens du mouvement de translation, c'est-à-dire qu'il abaisse plus ou moins sa queue, de sorte qu'elle fasse un angle avec le reste de la surface représentée par les ailes (fig. 8), sur laquelle j'ai tracé la queue au trait plein, dans sa position habituelle et au pointillé dans la position qu'elle prend pour descendre.

Fig. 8.

La résistance de l'air à la surface inférieure de la queue produit un mouvement de bascule en avant qui pourrait, s'il n'était limité, se terminer en un plongeon complet.

L'oiseau règle donc sa descente par la combinaison de trois moyens divers qu'il peut employer simultanément dans le même sens, ou bien modérer l'un par l'autre. Il règle la montée par l'emploi différent de deux de ces trois moyens.

En présentant à la résistance de l'air la surface inférieure
de son aile sous un angle plus ouvert (fig. 18 et 20), ou bien
en reportant en arrière son centre de gravité, il transforme
sa vitesse acquise en hauteur. Il semble qu'il devrait obtenir le même résultat en élevant la queue au-dessus de la
ligne du vol ; mais je n'ai jamais vu un oiseau se servir de
sa queue autrement qu'en appuyant sur l'air sa surface *inférieure*.

Il reste à éviter que la marche ne dévie de la ligne directe :
il faut maintenir *le cap en route*, comme disent les marins,
c'est-à-dire la tête de l'oiseau du côté où il veut aller; voici
le moyen :

Le gouvernail ou queue n'a pas seulement, comme celui
d'un navire, un mouvement de charnière de droite à gauche ;
il a en outre, à l'instar du poignet humain, un demi-mou-
vement de rotation ; il peut donc agir dans le sens vertical,
horizontal ou diagonal.

Dans le vol à voile, si l'oiseau se sent tourner trop à
gauche, il porte à droite son gouvernail en le faisant pivoter
plus ou moins sur son axe (fig. 9).

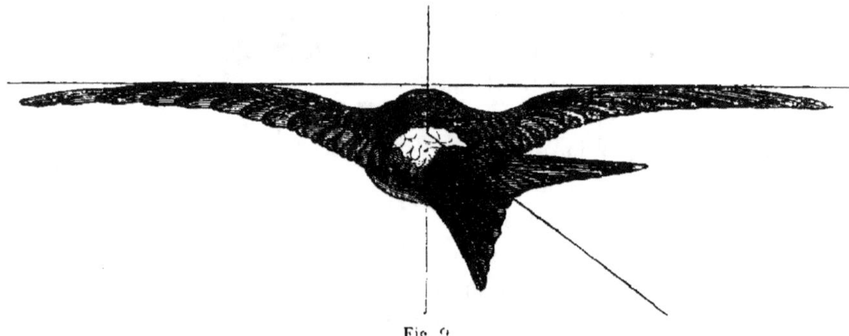

Fig. 9.

Par ce mouvement il ramène la tête à droite.

L'obliquité du gouvernail à l'horizon est d'ordinaire assez
peu considérable. Si ce gouvernail s'écarte beaucoup de
l'horizontale, c'est pour peu de temps, et il ne se rapproche

jamais de la position verticale d'un gouvernail de navire, à moins que l'oiseau lui-même n'ait pris cette position tout à fait exceptionnelle et momentanée.

Nous venons de voir comment l'oiseau maintient son mouvement de translation rectiligne. Lorsqu'il veut obtenir un mouvement de translation curviligne, il l'obtient de même par l'emploi du gouvernail. La même action qui l'empêche de tourner à droite n'a qu'à augmenter de durée et d'intensité pour le faire tourner à gauche, et *vice versa*. Dans le vol ramé habituel, c'est-à-dire celui qui se fait en ligne droite ou avec une courbe légère, il n'est fait aucun usage du gouvernail. L'oiseau y supplée par un léger mouvement de l'extrémité de l'aile, mouvement qui va être décrit.

Il n'y a jamais, comme quelques-uns le pensent et comme il semblerait assez naturel de le supposer, raccourcissement d'une aile ou affaiblissement de son mouvement; les deux ailes frappent toujours carrément, et avec une parfaite égalité de force et de longueur; mais cette égalité qui se continue pendant toute la durée du coup d'aile, cesse au dernier moment, et une inégalité presque imperceptible à l'œil s'établit, suivant le besoin, dans la distance conservée d'une part entre l'axe du vol et l'extrémité de l'aile gauche, et, d'autre part, entre l'axe du vol et l'extrémité de l'aile droite (fig. 9 *bis* et 9 *ter*).

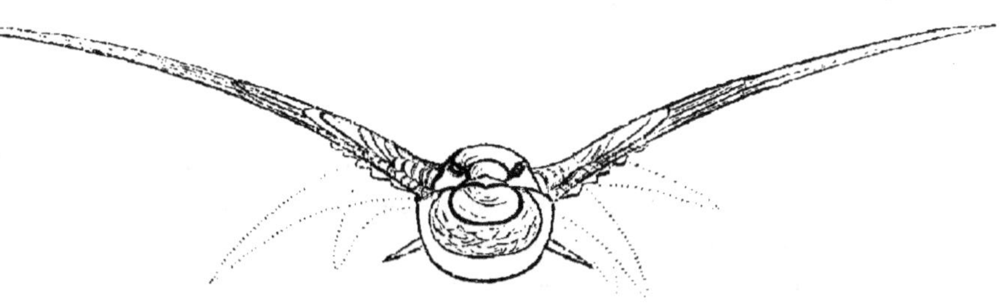

Fig. 9 *bis*.

Ce mouvement est tellement minime qu'il est difficile à constater; on ne l'apercevra pas toujours, et sûrement pas à la première fois : il faut avoir l'œil fait pour le distinguer. Il existe cependant, et c'est celui que le rameur emploie le plus habituellement.

Fig. 9 (a).

Si pourtant le rameur veut accélérer son mouvement curviligne, il emploie un moyen plus énergique qui peut être facilement étudié, parce que son emploi est très-fréquent. Pour tourner à droite, il porte son centre de gravité *a* sur le côté droit (fig. 10), et il obtient ainsi un abaissement de l'aile droite et une élévation de l'aile gauche (fig. 11); il élargit la queue et les ailes, et sa force d'impulsion rectiligne se combinant avec la résistance devenue oblique de l'air à la surface inférieure des ailes, il obtient un mouvement de déviation sur la droite.

Fig. 10.   Fig. 11.

C'est par ce moyen que la bécassine, oiseau uniquement rameur, obtient ces rapides crochets qui font le désespoir des chasseurs novices (V. fig. 45).

C'est par lui que le voilier exécute ses mouvements circulaires.

CHAPITRE IV

DE L'IMPULSION DANS LE VOL RAMÉ

Si l'oiseau se bornait à transformer en translation sa hauteur acquise, son vol serait de courte durée, puisqu'il irait toujours en descendant, et qu'une fois qu'il aurait touché terre, il ne pourrait plus s'en relever. Il faut pourtant qu'il s'en relève, et que son vol puisse se soutenir, dans certains cas, pendant plusieurs heures.

Nous allons voir comment il s'y prend.

L'oiseau a certainement la faculté d'employer son aile, ou du moins la rame ou dernière phalange de son aile comme une rame de bateau, en frappant l'air d'avant en arrière, et il emploie cette faculté pour produire des mouvements très-violents et très-rapides, tels que ceux de la chasse donnée ou reçue ; les élans saccadés du faucon et de l'oiseau qu'il poursuit se produisent en grande partie par un coup violent de la rame donné d'avant en arrière.

Cependant il est à remarquer que, dans la pratique, le coup donné complétement d'avant en arrière ne se produit presque jamais : l'aile ne se place pas sur champ, seulement elle prend une obliquité qui s'écarte plus ou moins de la direction horizontale. Ceci étant dit, seulement au point de vue théorique, et pour ne pas encourir le reproche d'avoir mal observé ou mal compris un mouvement qui, pour être fort rare et pour le moment tout à fait inutile à l'homme, n'en a pas moins une existence certaine, rentrons dans la pratique.

Les grands oiseaux, dans leur vol habituel, ne pratiquent *jamais* le vol ramé *en arrière*; ils rament verticalement, frappant l'air de haut en bas, afin d'acquérir de la hauteur; et s'ils ne montent pas, sans avancer, à chaque coup d'aile, c'est que, par la position de leur centre de gravité porté en avant, ils transforment en mouvement de translation la hauteur à mesure qu'ils l'acquièrent.

Ils montent par ce seul fait qu'ils avancent et ne descendent pas, puisque toute progression étant pour eux une transformation de hauteur en vitesse, à mesure qu'ils avancent ils devraient se rapprocher du sol; s'ils ne le font pas, c'est qu'ils opèrent une production constante de hauteur à mesure qu'ils la dépensent.

Il peut y avoir d'autres modes d'impulsion pratiqués par l'animal volant et imitables par un appareil volant ; mais il n'entre pas dans notre plan de nous en occuper, quant à présent.

Bornons-nous à l'étude détaillée du vol ramé et du vol à voile.

CHAPITRE V

DU COUP D'AILE DANS LE VOL RAMÉ

Nous avons dit que le coup d'aile était porté verticalement sur l'air sous-jacent; l'effet de ce coup de haut en bas se transforme, par le déplacement du centre de gravité, en mouvement de progression horizontale; mais il reste à faire comprendre comment l'horizontalité de la progression n'est point altérée par le mouvement de l'aile; en d'autres termes, comment l'oiseau peut faire un effort violent et de haut en bas sur son point d'appui, sans qu'il en résulte une espèce de ressaut pour son centre de gravité.

C'est avec la dernière phalange ou rame, où sont attachées les grandes pennes, que l'oiseau frappe l'air dans le vol ramé. Les deux autres phalanges suivent lentement le mouvement, en exécutant de leur côté un mouvement indépendant. Voyons d'abord le mouvement des grandes pennes.

Si vous vous placez au-dessous d'un oiseau qui fait du vol ramé et si vous le regardez passer verticalement au-dessus de votre tête, vous croirez que ses ailes, suivant l'opinion commune, frappent d'avant en arrière, comme les rames d'un bateau, pour donner à l'oiseau un mouvement direct de progression. Voici, en effet, le mouvement que vous apercevrez

(fig. 12). En frappant l'air, la pointe de l'aile a reculé du
point A au point B.

Mais il ne s'ensuit pas
que la surface inférieure
de l'aile ait été tournée en
arrière pendant le coup
donné, et qu'elle ait
chassé l'air comme une

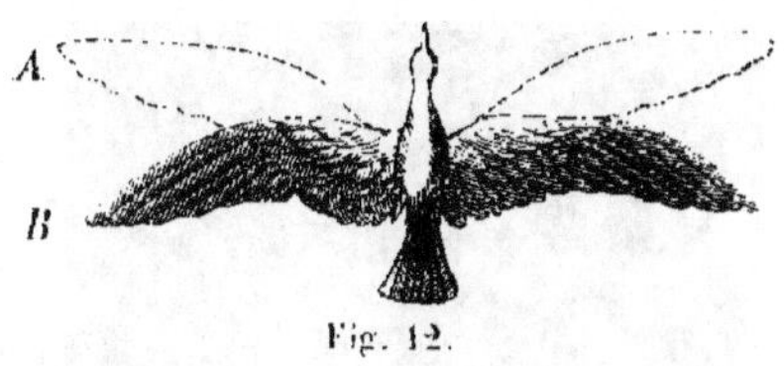

Fig. 12.

roue à aubes chasse l'eau pour faire avancer un navire à
vapeur. Vous acquerrez la preuve du contraire si, gagnant
une position plus élevée par rapport à l'oiseau et vous pla-
çant à sa hauteur, vous le regardez venir à vous; si l'aile
frappait d'avant en arrière, c'est-à-dire, si la surface inférieure de l'aile se trouvait, pendant le coup, tournée vers
l'arrière, vous ver-
riez, étant en avant,
la surface supérieu-
re de l'aile, comme
dans la fig. 13, ce
qui n'arrive jamais.

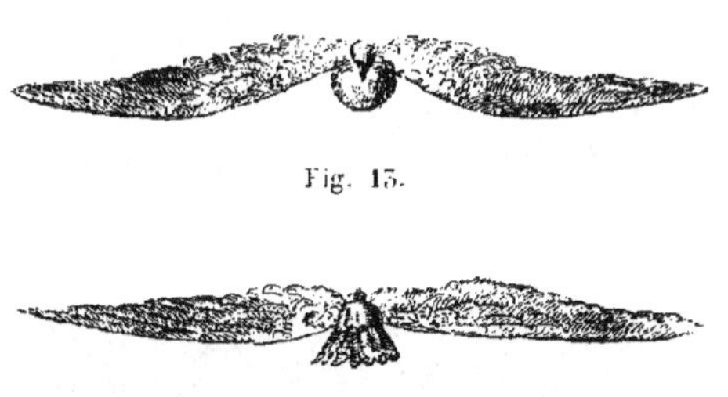

Fig. 13.

Et si vous vous
placiez en arrière
de l'oiseau et à la
même hauteur, vous

Fig. 14.

devriez voir la surface inférieure de son aile tournée vers
vous (fig. 14), ce qui n'arrive pas davantage.

C'est le contraire qui arrive à un moment donné, comme
il va être expliqué plus bas; c'est-à-dire qu'au moment où
elle se relève, l'aile présente *en avant* sa surface inférieure;
mais n'anticipons pas.

Il est certain, d'une part, que l'oiseau donne le coup d'aile
verticalement, en ce sens *qu'au moment où il frappe*, la surface
de son aile demeure parallèle à l'horizon et, d'autre part, que
la direction du coup est oblique, en ce sens que la partie os-
seuse de l'aile se meut dans une direction intermédiaire entre
la verticale et l'horizontale (fig. 15). L'aire comprise entre les

points AC et BD (fig. 15 et 17) est la trajectoire du coup d'aile.

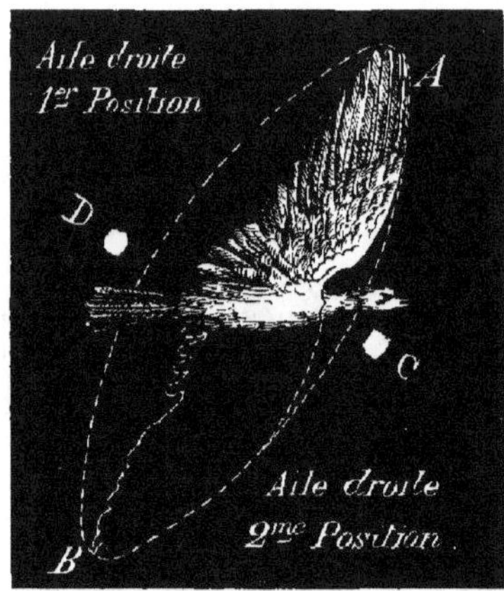

Fig. 15.

Mais, en la parcourant, le plan de l'aile n'a jamais cessé, du moins à la descente, d'être parallèle à l'horizon et perpendiculaire à la verticale.

Nous venons de décrire les mouvements de l'aile quand elle descend : il nous reste à décrire son mouvement quand elle remonte. Ici se présentait un inconvénient à éviter : c'était la saccade ou le soubresaut qui se remarque dans le vol de tous les petits oiseaux. Leur corps s'élève au moment où l'aile frappe et s'abaisse quand elle ne frappe plus. (Vol du pinson, de la mésange, etc., fig. 16.)

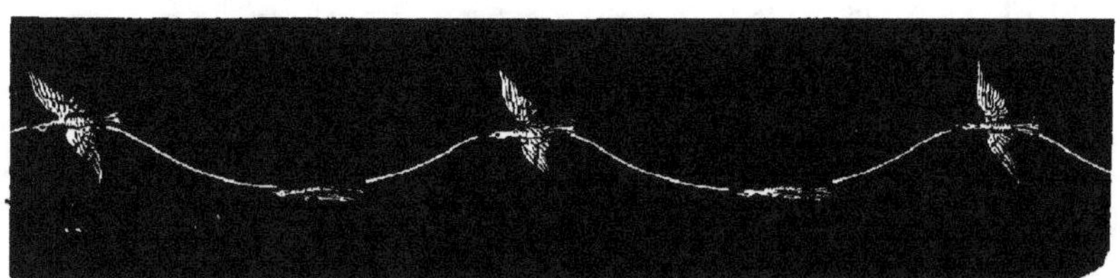

Fig. 16.

Le pivert vole de la sorte, mais il forme l'extrême limite de ce genre de vol ; les oiseaux plus lourds que lui ne le pratiquent plus. Leur poids ne le leur permettrait pas ; de tels soubresauts seraient pour eux une trop grande fatigue et une trop grande déperdition de forces.

Il fallait établir une sorte de modérateur ou de compensateur entre la descente et la remontée de l'aile, sans quoi l'oiseau n'aurait pu manquer de s'élever quand son corps s'appuie sur l'aile et de s'abaisser quand c'est l'aile qui s'appuie sur le corps.

Il fallait, d'autre part, trouver moyen de diminuer la surface de résistance de l'air au moment où elle remonte, sans quoi son effort sur l'air, en remontant, aurait contre-balancé et annulé son effort utile à la descente.

Voici comment il y a été pourvu.

L'aile, à la descente, présente, comme nous l'avons dit, une surface horizontale et, par conséquent, calculée pour offrir à l'air la plus grande résistance possible. Il n'en est pas de même à la remontée. Ici la résistance, dans le sens vertical, doit être la plus petite possible : pour cela, l'humérus pivote sur l'omoplate et l'aile se trouve assez fortement inclinée en avant, jusqu'à ce que la pointe de la rame ait atteint sa plus grande élévation.

L'inclinaison de la rame, pendant le mouvement ascensionnel, doit être précisément parallèle à l'axe de l'aire que parcourt la rame, de sorte que cette rame, en remontant, n'ait à soulever que son poids, et à vaincre qu'une résis-

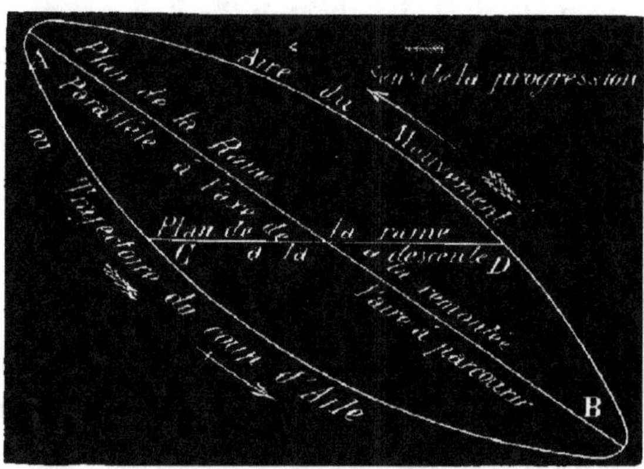

Fig. 17.

tance de l'air presque nulle, puisqu'elle est proportionnelle à sa moindre épaisseur (fig. 17).

Comme ce mouvement d'aile est compliqué et difficile à saisir, je vais y revenir dans les alinéas suivants Le mouvement de rotation exécuté par l'humérus sur l'omoplate présente un autre résultat presque aussi important que le premier. Les petites pennes de l'aile, sauf pourtant les plus voisines du corps qui ne bougent guère, suivent nécessairement le mouvement des os de l'aile ; elles se trouvent donc inclinées à l'horizon et présentent leur surface inférieure *en avant* dans le sens de la progression de l'oiseau (fig. 18.)

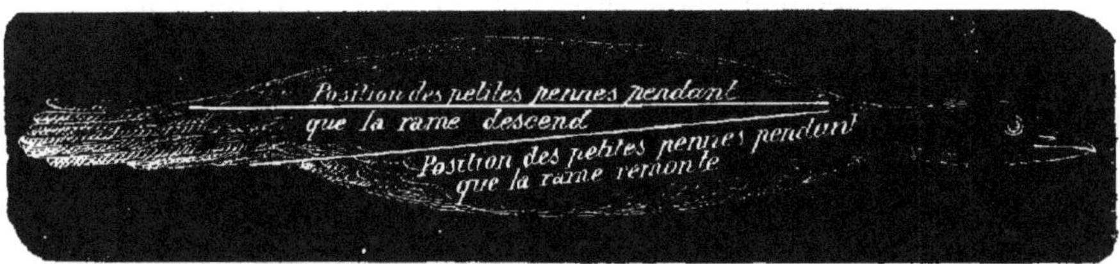

Fig. 18

La ligne pointillée (fig. 19) représente le chemin que parcourt la pointe de l'aile, l'extrémité de la rame. Pendant que cette pointe parcourt la ligne indiquée comme *montée de la rame*, les petites pennes de l'aile sont inclinées au vent dans le sens de la course de l'oiseau, c'est-à-dire plus abaissées vers la queue que vers la tête (fig. 18 et 20) ; par suite du

Fig. 19.

mouvement de translation de leur porteur, elles rencontrent toujours un courant d'air égal à la rapidité de la marche de l'oiseau ; elles tendent donc à le soulever moins par un effet de vol ramé que par un effet de cerf-volant.

mais leur action est limitée à l'effort nécessaire pour remplacer, pendant la montée de la rame, le point d'appui que le corps prend sur la rame pendant qu'elle s'abaisse.

Pendant que la rame parcourt la ligne indiquée comme *descente de la rame* (fig. 19), les petites pennes sont parallèles à l'horizon. Elles s'effacent autant qu'elles le peuvent dans le sens de la progression et coupent l'air par leur tranchant (fig. 20).

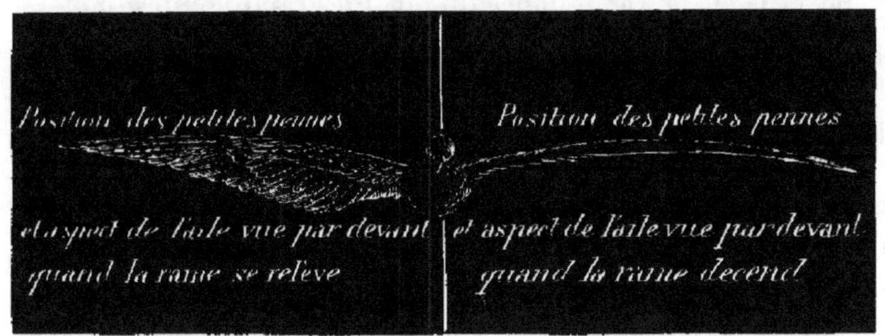

Fig. 20.

Toute action de leur part serait inutile, puisque le coup de rame soutient l'oiseau.

Ces règles sont invariables pour tous les grands oiseaux, et l'étude de leur vol ordinaire les confirme de la manière la plus constante. Mais ce qui les confirme encore davantage, c'est l'étude de quelques circonstances exceptionnelles du vol, telles que, par exemple :

1° Le depart d'un gros oiseau qui s'élève du sol en temps de non vent. Tant qu'il n'a pas la vitesse acquise, c'est en vain qu'il présente à l'air ses petites pennes inclinées en avant, position classique du cerf-volant; elles rencontrent un air immobile qui ne leur offre aucune résistance. Elles demeurent sans plus d'effet qu'un cerf-volant lancé en l'air sans vent naturel et sans ce vent artificiel que lui procure le déplacement de celui qui tient la ficelle. Dans ce cas, l'oiseau éprouve un soubresaut à chaque coup d'aile. Mais ces soubresauts cessent aussitôt qu'il a acquis un peu de vitesse : il est à remarquer aussi qu'ils sont infiniment moins sensibles et moins prolongés quand le gros oiseau s'élève de terre en temps de vent, ce qu'il fait toujours la tête tournée vers le vent.

2° Le vol d'un oiseau qui veut marcher vent arrière.

Cet oiseau doit alors marcher plus vite que le vent, sous peine de sentir l'air manquer sous ses petites pennes chaque fois que sa rame remonte.

De là vient la répugnance qu'ont un grand nombre d'oiseaux à voler dans le sens d'un vent un peu fort, répugnance remarquée par tous les naturalistes, bien qu'ils n'en aient pas connu la cause. (Voyez Audubon et autres, *passim*.)

3° L'excessive fatigue qu'éprouve un oiseau qui veut se maintenir dans un air calme, sans progression et sans déperdition de hauteur. Cette fatigue est telle que les plus légers, les hirondelles par exemple, ne peuvent la supporter plus de quelques secondes. Cette observation peut être faite bien fréquemment sur l'hirondelle de fenêtre, qui a l'habitude de venir regarder de dehors dans l'intérieur de son nid, sans y toucher. Elle se soutient un moment en l'air vis-à-vis de l'entrée, ne bougeant pas de place, mais exécutant des mouvements d'aile très-violents et très-précipités.

Les mêmes oiseaux soutiennent plusieurs heures un vol rapide, ce qui, soit dit en passant, montre combien se sont trompés de très-savants mécaniciens qui ont prétendu que la force dépensée dans le vol progressif était supérieure à celle dépensée dans le vol stationnaire. Un autre mouvement contribue à diminuer la résistance de l'air à l'aile qui remonte. C'est son raccourcissement momentané par la flexion partielle des jointures. Cette flexion est d'autant plus sensible que l'oiseau est plus petit.

Avant de quitter la théorie du vol ramé, faisons justice de quelques assertions qui ont plus ou moins contribué à obscurcir la question et à égarer les observateurs.

Quelques écrivains ont imaginé que l'aile de l'oiseau était

perméable à l'air de haut en bas et imperméable de bas en haut. Ils l'ont comparée à une persienne dont les lames s'ouvrent ou se ferment de manière à présenter une surface, tantôt continue, tantôt percée d'ouvertures, de sorte que le mouvement de l'aile devait offrir à l'air une résistance énorme en descendant fermée et presque nulle en remontant ouverte.

Cette théorie est complétement erronée : l'aile de l'oiseau n'est jamais perméable à l'air. Quelquefois l'extrémité des grandes pennes s'écarte et laisse voir le jour au travers, notamment dans le vol à voile ; mais le corps de l'aile demeure toujours compact et dépourvu de solution de continuité. Toute la structure de l'aile a été calculée pour obtenir cette surface continue. Les pennes sont imbriquées et se recouvrent comme des tuiles, et la résistance de l'air les applique fortement et invariablement les unes sur les autres, de sorte qu'il ne s'y trouve jamais aucune apparence d'interstice (fig. 21.)

D'autres ont inventé un système qu'ils ont appelé Éolypile. Ils ont cru que l'oiseau aspirait l'air, puis l'expulsait par chacune de ses pennes avec une force suffisante pour repousser l'atmosphère et soutenir l'oiseau. C'est bien ainsi que volent les fusées ; mais si l'on avait voulu aborder les chiffres et voir quelle masse d'air il aurait fallu chasser pour soutenir en l'air un roitelet ou un oiseau mouche, on n'aurait pas osé mettre au jour cette conception monstrueuse. On l'y a mise pourtant (voir M. Johard, *Congrès scientifique de France*, septembre 1850, p. 399-402) ainsi que quelques autres qu'il est inutile de mentionner.

CHAPITRE VI

DES ATTACHES DE L'AILE

Si vous étudiez le corps complet d'un oiseau et, surtout, si vous étudiez son squelette, vous pourrez être amené à croire que l'aile et le corps n'ont d'autre point de liaison et de transmission de force que la jointure de l'humérus avec le corps ; et il est bien vrai qu'il n'y a pas d'autre point de suture et d'adhésion fixe et inaltérable ; mais dans l'exercice du vol, l'aile demeure, dans toute sa largeur, étroitement collée au corps.

D'abord, le raisonnement démontre qu'il ne peut en être autrement. Si l'oiseau devait voler en tenant le corps dans une position verticale, comme le font quelques êtres exceptionnels, tels que la poule d'eau et le roi de cailles (râle de genet), un point d'attache suffirait parfaitement. Le corps de l'oiseau serait suspendu comme un sac et suivrait tant bien que mal le mouvement de progression des rames ; mais il est à remarquer que le roi de cailles et la poule d'eau volent à peine. Leur appareil de vol est un appareil ébauché : leur vraie vocation est de marcher ou de nager sans cesse ; ils s'enlèvent accidentellement et pour quelques secondes ; le moindre oiseau de proie les saisirait au vol en un clin d'œil.

Il n'en est pas de même du véritable oiseau volant, qui n'a d'autre moyen d'existence et de salut que ses ailes et qui

doit, sous peine de mort, être constamment en état de soutenir une joute aérienne contre tout ennemi qui juge conve-
nable de l'attaquer. Celui-là doit maintenir son corps horizontal, sans quoi il ne pourrait pas varier le plan incliné
que son aile doit présenter à l'air, et il se trouverait impropre
à exécuter les trois premiers mouvements dont nous avons
donné la description et qui sont l'essence même du vol.
(V. fig. 3, 4, 5 et 6.)

En effet, si le point d'attache de l'humérus devait, à lui
seul, porter le poids de la partie postérieure du corps main-
tenu horizontale-
ment, il se produi-
rait de la queue à
l'épaule un mouve-
ment de torsion et
un effort de levier
auquel aucune force
ne pourrait résister
longtemps; — c'est
ainsi que les pieds
d'un homme, qui le
porteront six heures
dans une position
normale, ne le por-
teraient que quel-
ques minutes s'il de-
vait se soutenir le
corps droit et hori-
zontal. On a vu des
faiseurs de tours
exécuter celui-ci,
mais seulement

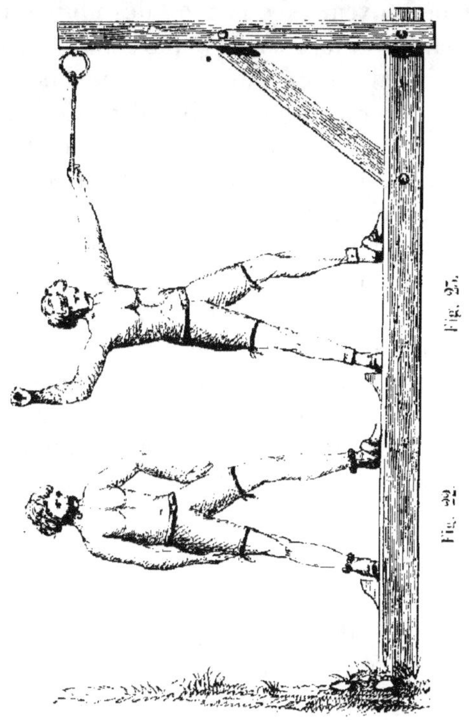

pour quelques instants et, bien entendu, à l'aide d'une
courroie attachée au pied (fig. 22).

Ils se soutiendraient une heure dans la position pré-
cédente (fig. 23).

C'est ce que fait l'oiseau.

L'aile s'appuie solidement contre la partie supérieure du corps ; après quoi dans plusieurs espèces, de fortes plumes, parties du dos, se rabattent sur les dernières petites pennes et leur fournissent un point d'appui. Les dernières petites pennes, une fois fixées, fixent à leur tour les suivantes, qui se tiennent toutes par un système de recouvrement mutuel et d'imbrication qui s'étend jusqu'à l'extrémité de la rame (fig. 21).

C'est donc par l'effort de l'articulation de l'humérus combiné souvent avec l'action des plumes dorsales, plumes fort épaisses et fort serrées, que l'oiseau varie, suivant le besoin, l'inclinaison que l'aile présente à l'horizon. Ces plumes, qui sont, comme toutes celles des oiseaux, mobiles dans certaines limites, s'abaissent ou se relèvent de manière à suivre le mouvement de l'aile le long du corps ; or, la partie antérieure demeure invariablement fixée quant à la hauteur par l'attache de l'humérus à l'épaule ; mais cette attache, étant douée d'un mouvement de rotation, peut laisser plus ou moins descendre le corps au-dessous de la ligne horizontale du vol, d'où résulte soit le maintien, soit la modification du plan incliné que l'aile présente à l'air (fig. 18 et 20).

Ce mécanisme est variable suivant les espèces. Des observations nombreuses restent à faire.

CHAPITRE VII

DES FORMES DE L'APPAREIL DU VOL CHEZ LES ANIMAUX A SANG CHAUD

Les lois du vol étant invariables, il semblerait que la forme des appareils de vol devait l'être à peu près aussi; il n'en est rien pourtant et les ailes diffèrent, non d'un individu à l'autre, mais d'une espèce à l'autre, comme les feuilles des arbres et les dents des vertèbres. Le plus souvent, la cause de ces variantes est facile à déterminer; d'autres fois elle est entièrement inintelligible, du moins pour moi, ce qui ne m'empêchera pas de noter les faits eux-mêmes, laissant, quand il le faudra, à d'autres plus heureux ou mieux placés, le soin d'en fournir l'explication.

Les différentes pièces qui composent la charpente de l'aile varient de proportion entre elles à un degré à peine croyable. Voici un squelette d'aile d'albatros (fig. 24), un squelette d'aile de frégate (fig. 25), et un squelette d'autruche (fig. 26).

On sera frappé de l'allongement, chez l'albatros, de l'humérus, et, chez la frégate, des os de la rame.

L'albatros est le seul oiseau qui possède un humérus aussi allongé, soit relativement, soit absolument.

La rapidité du vol de l'oiseau, et surtout sa flexibilité, résultent principalement de la grandeur et de la puissance de la rame; aussi, tous les oiseaux, à l'instar de la frégate

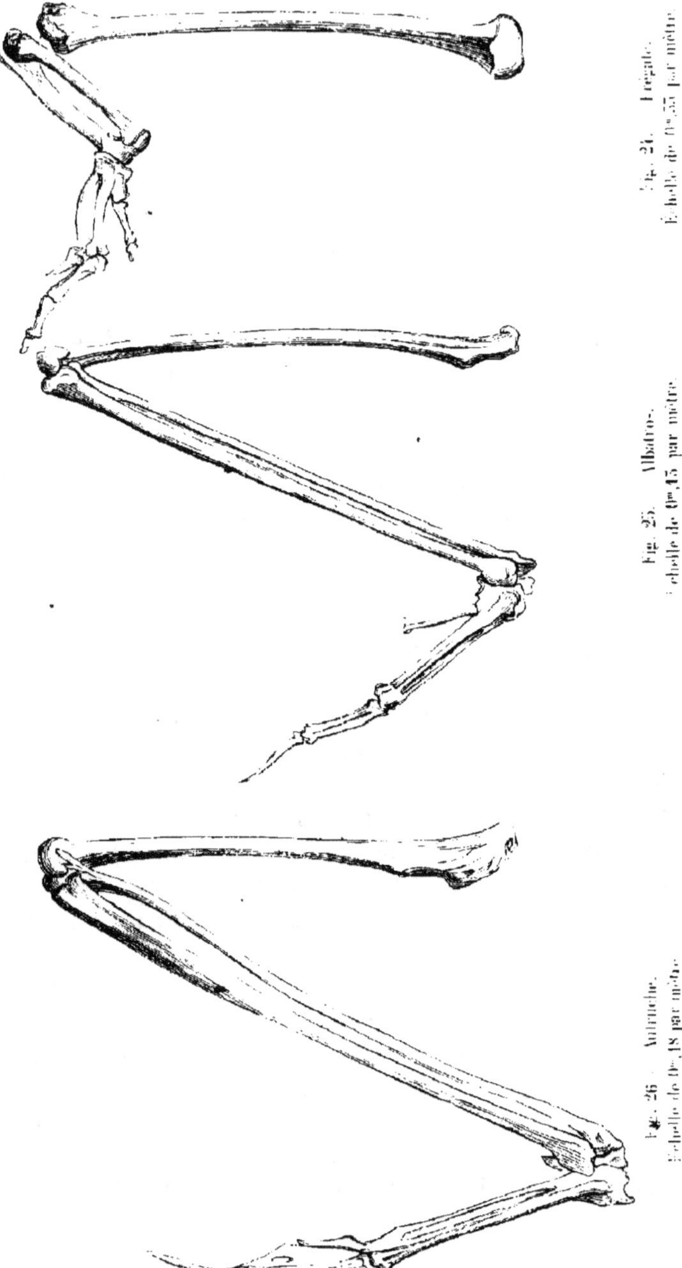

Fig. 24. — Frégate.
Échelle de 0m,33 par mètre.

Fig. 25. — Albatros.
Échelle de 0m,45 par mètre.

Fig. 26. — Autruche.
Échelle de 0m,18 par mètre.

et de l'hirondelle, auraient mis en rame presque toute la longueur de leur aile, si cette conformation, en fournissant une bien plus grande puissance de mouvement, n'avait entraîné aussi une bien plus grande dépense de force. Les raisons d'économie jouent un grand rôle dans les dispensations de la Providence ; il ne faut jamais l'oublier.

Un autre motif s'opposait invinciblement à ce que l'albatros empruntât à la frégate son énorme rame. Le développement de cette jointure entraîne nécessairement un développement correspondant à la jointure médiane (*radius cubitus*). Ce développement de la jointure médiane, bien que certainement réduit chez la frégate à son minimum de nécessité par rapport à la rame, la met cependant dans l'impossibilité absolue de nager. En effet, l'oiseau nageur est fait en forme de carène ; une fois ses ailes repliées et noyées dans l'épaisseur de son plumage, il n'offre plus à l'eau qu'une surface ronde et polie qui lui permet de glisser sur elle, avec le moins de frottements possible.

Les ailes monstrueuses de la frégate ont beau se replier ; elles débordent de tous côtés le corps, et demeurent en dehors des plumes qui le recouvrent. En avant, en arrière et de côté, elles présentent des saillies anguleuses, des arêtes vives et des interstices énormes ; l'eau y entre et mouille les plumes ; après quoi l'oiseau coule à fond.

Il s'en préserve en ne se tenant jamais sur l'eau. S'il s'y jette pour prendre un poisson, il en sort à l'instant même, de sorte que ses plumes n'ont pas le temps de s'imbiber.

L'albatros n'en pouvait pas faire autant ; il passe, ainsi que plusieurs pétrels, sa vie entière sur l'eau et ne revient à terre que pour pondre et couver. Il devait donc, avant tout, avoir la forme d'un oiseau nageur. L'aile, une fois pliée, devait être noyée dans la plume et ne pas dépasser en avant la poitrine de l'oiseau ; en arrière elle ne devait pas non plus dépasser de beaucoup la queue ; et comme cependant elle devait avoir assez de longueur pour porter son propriétaire, on a pris le parti d'allonger les deux jointures les plus rap-

5

prochées du corps : l'humérus, s'étant une fois prolongé vers l'arrière, permet au radius cubitus de se prolonger d'autant vers l'avant, sans dépasser la poitrine de l'oiseau.

Il est bien vrai que cette conformation ôte à l'albatros la flexibilité du vol et le rend impropre à faire, comme la frégate, le métier d'oiseau de proie ; mais il n'en a pas besoin. Il n'a pas besoin non plus de fuir pour échapper aux autres oiseaux, puisque sa force suffit pour le protéger.

Les dangers lui viennent d'en bas et non d'en haut : on trouve souvent des albatros qui ont eu les pattes entamées et en partie détruites par des ennemis sous-marins : on n'en a jamais vu un gravement endommagé par un ennemi aérien.

L'importance que les oiseaux d'eau attachent à la disparition de leur aile, lorsqu'ils nagent, et à son absorption complète dans la forme générale et arrondie du corps, peut être plus facilement étudiée sur l'oie ou sur le canard, les plus communs des oiseaux aquatiques.

Le canard possède une aile très-vigoureuse et qui, quant à sa conformation, se rapproche, dans certains détails, de celle de l'oiseau de haut vol : allongée, elle serait tout aussi puissante que celle du faucon. A charge égale, l'une volerait probablement tout aussi bien que l'autre ; mais le faucon qui ne nage jamais, a pu impunément se munir d'une aile qui, au repos, dépasse son corps en avant et en arrière. Le canard, qui nage toujours, a dû réduire la sienne aux proportions du sien. L'aile du canard est trop petite par rapport au poids qu'elle porte ; c'est un cheval de premier ordre, écrasé par un cavalier trop lourd. Aussi le canard est-il facilement pris par l'oiseau de haut vol.

C'est en prévision de la charge énorme que devait porter l'aile du canard qu'elle a été munie d'une rangée supplémentaire de petites pennes intercalées entre les autres, comme on peut le voir (fig. 21), et destinées à empêcher le passage de l'air à travers les petites pennes, pendant que la rame remonte et qu'elles doivent supporter tout le poids du corps.

Les canards sauvages, au total, tirent bon parti de leurs ailes et font avec elles de longues traversées. Il n'est personne qui ne les ait vus voler à la file et dans un ordre régulier, tantôt sur deux lignes représentant un V, tantôt sur une seule ligne droite. Et à ce propos, les observateurs sont tombés dans une erreur bien étrange ; faute d'avoir remarqué d'où soufflait le vent, ils ont cru que le premier canard fendait l'air au profit des suivants et ménageait ainsi un passage plus facile à toute la troupe ; à peu près comme une première charrue qui ameublit le terrain et prépare le passage d'une seconde. Ils ont ajouté, en matière de démonstration, que, quand le premier est fatigué d'un travail si pénible, il quitte la tête de la troupe et va se reposer à la queue.

Comme les canards, ainsi que tous les oiseaux, prennent leur point d'appui sur l'air, il leur serait fort préjudiciable d'avoir à traverser un air déjà mis en mouvement par le passage d'un autre oiseau. Cet air serait mis en mouvement de haut en bas, puisque le coup de rame le chasse dans cette direction. Ce mouvement imprimé à l'air par le premier oiseau tendrait donc à faire descendre le second : aussi, les canards, loin de choisir pour leur passage le sillage tracé par celui qui va devant, évitent-ils avec le plus grand soin de se trouver dans un air troublé ; c'est précisément pour cela qu'ils se mettent en rang, bien qu'on en ait tiré une conclusion contraire. On n'a pas remarqué que, volant sur une ou volant sur deux lignes, il n'y a jamais deux canards qui se trouvent dans le même sillage, bien qu'ils puissent avoir tous la même direction ; ils tracent dans l'air des sillages parallèles, mais assez éloignés pour que le remou du premier oiseau n'arrive jamais au second (fig. 27).

Il y a une circonstance particulière qui paraît contredire cette assertion, mais qui la confirme d'une manière éclatante, c'est celle des canards volant en temps de vent dans un sens demi-transversal au vent (fig. 28).

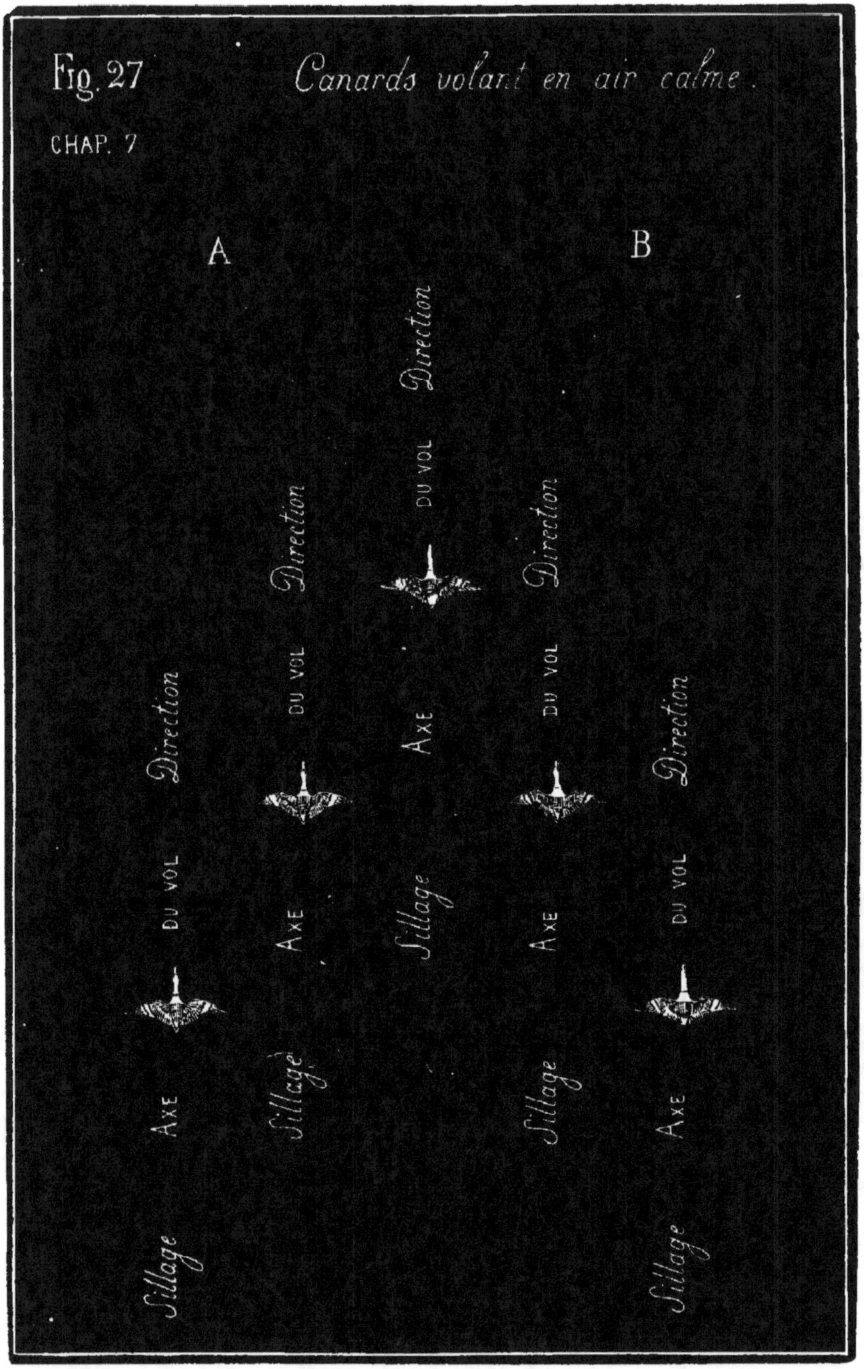

Fig. 27 — *Canards volant en air calme.*

CHAP. 7

A

B

Direction du vol

Axe

Sillage

Si l'observateur tient compte seulement de la direction absolue que suivent les oiseaux par rapport au globe terrestre ou aux espaces planétaires, oui, ils suivent la même ligne ; mais il en est autrement si l'on se préoccupe de leur course sur le vent, et du sillage laissé dans l'air.

Lorsque l'air est calme, la direction du vol, l'axe du vol et le sillage laissé dans l'air ne forment qu'une seule et même ligne (fig. 27), mais, en temps de vent, ce sont trois lignes distinctes (fig. 28).

D'abord, en temps de vent de travers ou de demi-travers, l'axe du vol ne peut être identique avec la direction, parce que si l'oiseau volait vers son but purement et simplement, et sans tenir compte du vent, il dériverait, comme un navire qui voudrait faire la même chose ; il doit se diriger vers un point intermédiaire entre celui qu'il veut atteindre et celui d'où souffle le vent ; la direction réelle sera la résultante de son effort et de celui du vent. Pour le sillage tracé, il sera toujours dans la direction directe du vent.

Il peut bien arriver que l'oiseau qui se trouve en tête change de place et aille prendre la queue, sans qu'il ait pour but de chercher un chemin mieux frayé et une place moins fatigante. Il peut se faire, par exemple, qu'il soit incertain sur la route à suivre et qu'il cède la direction à un voyageur plus expérimenté.

Il arrive aussi que la troupe change de direction : ceux qui étaient en queue se trouvent en tête et y restent. Il n'y a pas chez les oiseaux, comme chez les daims et d'autres quadrupèdes, un chef qui dirige habituellement la colonne.

En résumé, quand les canards volent à la file, ils évitent que le vent prenne en bout, je ne dis pas leur axe de vol individuel (cela est étranger à la question qui nous occupe), mais la file qui marque leur direction de marche. Ainsi (fig. 27), si le vent soufflait de A ou de B, les canards changeraient aussitôt leur ordre de marche pour s'empêcher d'être, le second dans le sillage du premier, et le troi-

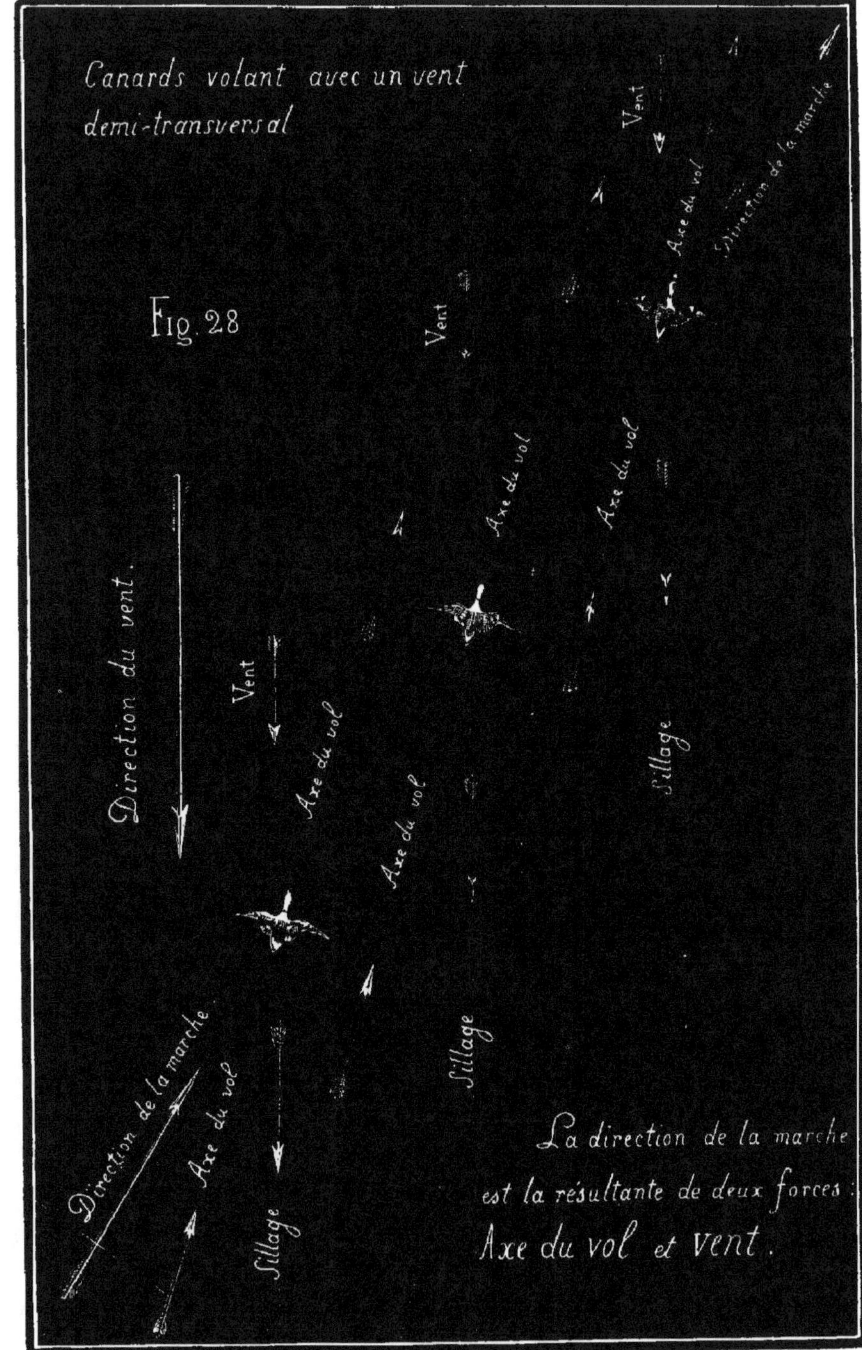

Canards volant avec un vent demi-transversal
Fig. 28
Vent
Vent
Vent
Direction du vent.
Axe du vol
Axe du vol
Axe du vol
Axe du vol
Axe du vol
Direction de la marche
Direction de la marche
Sillage
Sillage
Sillage
Sillage
Direction de la marche
Axe du vol
La direction de la marche
est la résultante de deux forces :
Axe du vol et Vent.

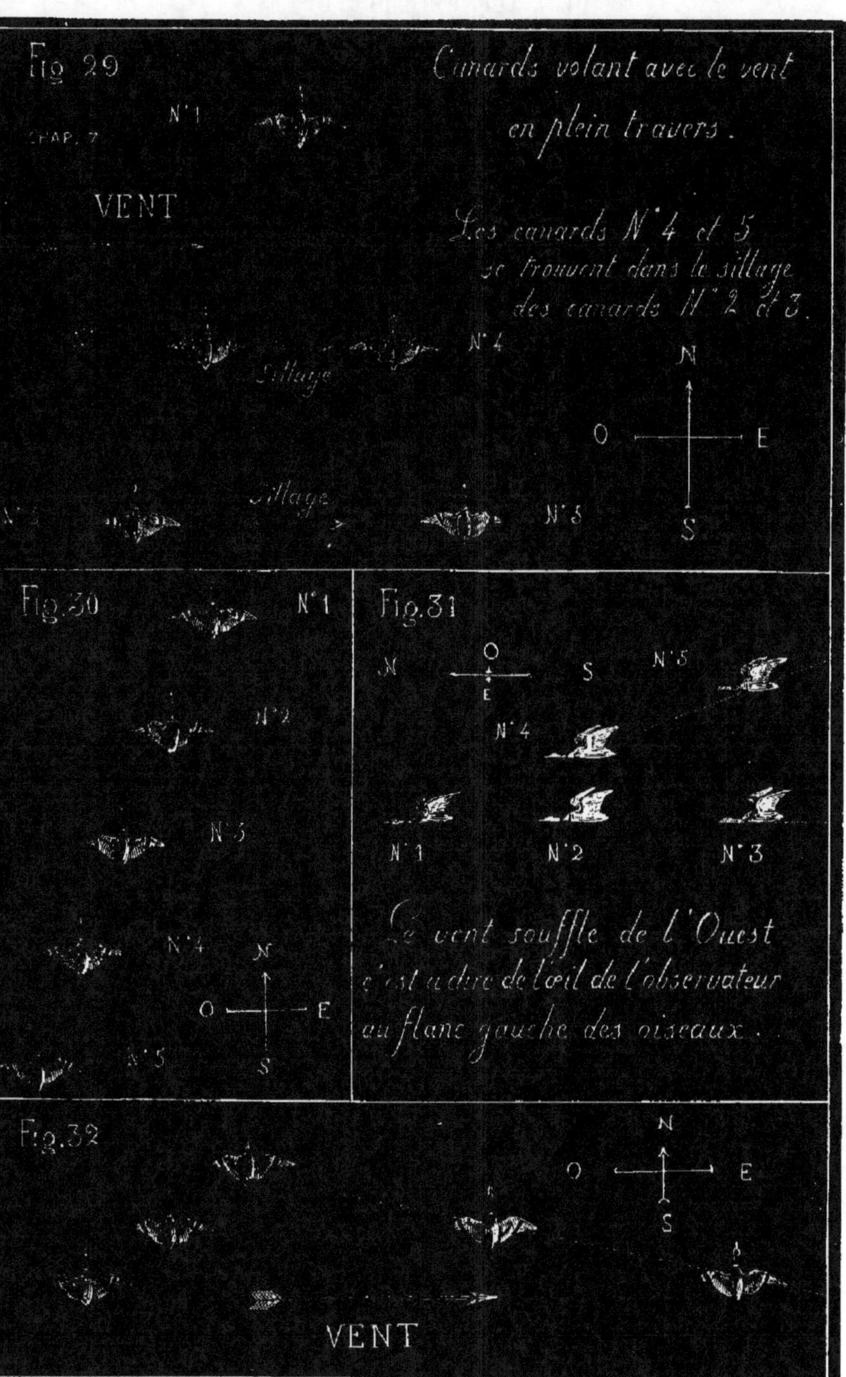
Fig 29
CHAP. 7
N°1
VENT
Canards volant avec le vent
en plein travers.
Les canards N°4 et 5
se trouvent dans le sillage
des canards N°2 et 3.
N°4
Sillage
Sillage
N°2
N°3
N
O
E
S
Fig. 30
N°1
N°2
N°3
N°4
N
O
E
S
N°5
Fig. 31
N
O
E
S
N°5
N°4
N°1
N°2
N°3
Le vent souffle de l'Ouest
c'est à dire de l'œil de l'observateur
au flanc gauche des oiseaux.
Fig. 32
N
O
E
S
VENT

sième dans le sillage des deux premiers. Lorsque le vent les prend en plein travers, ils ont quatre moyens d'empêcher que la forme de V n'expose la branche sous le vent à recevoir le sillage de la branche qui se trouve au vent (fig. 29).

Le premier est de supprimer la branche du V, qui se trouve en avant pour ne former qu'une seule ligne (fig. 30); l'autre est de changer son niveau et de la placer au-dessus ou au-dessous de la branche au vent (fig. 51); le troisième est de l'éloigner assez pour que le sillage de l'autre soit effacé avant d'arriver à elle (fig. 52); le quatrième est de l'interligner (fig. 53).

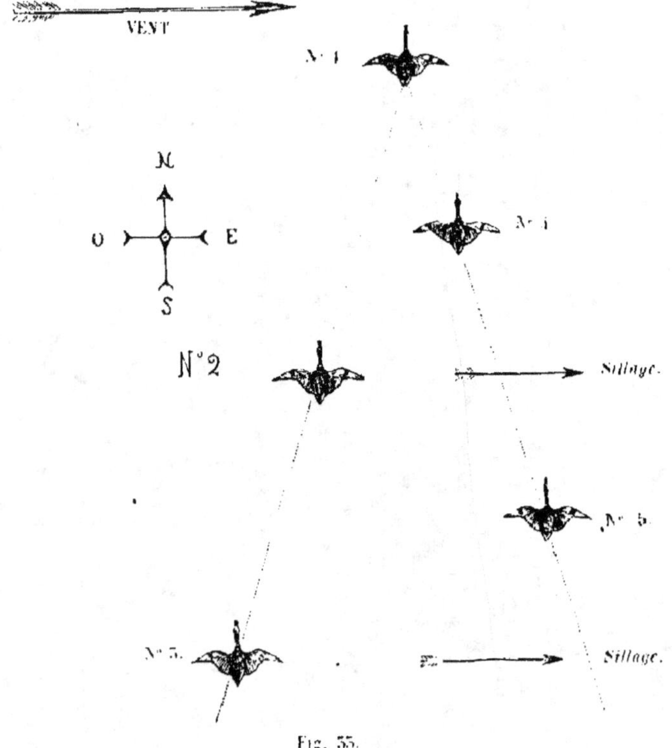

Fig. 55.

Ce que je dis des canards doit être entendu aussi des

autres oiseaux ; tous doivent éviter le sillage de l'oiseau qui les précède.

Il y en a un cependant, dont la marche paraît au *premier coup-d'œil* se mettre en contradiction avec les règles que nous posons : c'est l'étourneau ; mais il n'y a pas de droit contre le droit, ni de vol contre les principes du vol. La contradiction n'est qu'apparente ; un examen sérieux la ferait certainement disparaître ; mais n'ayant jamais habité les pays à étourneau, je n'ai pas bien observé leurs allures, et ne suis pas en mesure de rendre raison de leur conduite.

Si on veut les étudier, on les trouvera, en grandes troupes, dans les prairies de la Saône.

Il y a des catégories d'ailes parfaitement tranchées, et l'on pourrait les classer suivant leur destination comme on classe les dents de fossiles en dents de carnassiers, d'herbivores, etc. ; mais, de même qu'on trouve, dans la nature, des êtres singuliers qui font la transition entre les genres d'animaux et même entre les règnes végétal, animal et minéral, de même il se trouve des appareils de vol androgynes qui surprennent par leur singularité et qui ne semblent se rattacher nettement à aucun genre, mais participer de plusieurs. Nous citerons par exemple celui d'un gallinacé de Tartarie auquel on a donné un nom aussi bizarre que sa structure, le *syrrhaptes paradoxus :* c'est une espèce de perdrix à longues ailes qui a l'air d'être croisée d'un lagopède et d'une hirondelle de cheminée.

Les mouvements de l'aile peuvent être classifiés comme sa forme ; mais, entre les différentes classes de mouvements comme entre les différentes classes de formes d'aile, il y a des animaux intermédiaires qui relient les catégories. Ainsi nous avons vu que tous les petits oiseaux frappaient plusieurs coups, puis pliaient entièrement l'aile et la ramenaient au corps, tandis que les gros ne la pliaient jamais.

Il y a des oiseaux qui ont pris un genre intermédiaire : les tourterelles grises plient la rame entre chaque coup d'aile, laissant étendus l'humérus, le radius cubitus et les petites pennes, pour maintenir l'égalité et l'horizontalité du vol. Les petites hirondelles, surtout celles de cheminées (*V.* fig. 9 *ter*), font de même ; les martinets ne le font jamais. Peut-être y a-t-il d'autres oiseaux pratiquant le même genre de vol ; mais je ne l'ai observé que sur ces deux-là.

Les ailes sont douées, à leur point d'attache avec le corps, d'une excessive souplesse de mouvement ; elles peuvent s'ouvrir au point de se toucher par dessus le corps, et l'on verra souvent le coq domestique, avant de chanter, les frapper ainsi l'une contre l'autre avec tant de force qu'on entend le coup d'assez loin. Les pigeons font souvent de même au départ, surtout les ramiers qui m'ont paru frapper beaucoup plus fort que les autres. Cette remarque avait été faite par les anciens, et lorsque Virgile dit du pigeon au moment de son départ :

> ... Plausumque exterrita pennis
> Dat tecto ingentem

(Énéide, liv. V, vers 215.)

Et plus loin :

> Alis
> Plaudentem nigra figit sub nube columbam.

(Énéide, liv. V, vers 517.)

Il fait évidemment allusion aux coups des ailes qui, chez cet oiseau, s'entrechoquent en dessus avec un bruit qui ressemble à un applaudissement.

Les oiseaux emploient volontairement leurs ailes à produire d'autres bruits dont le sens nous échappe. Ainsi, quand les pigeons fuyards poursuivent au vol les pigeonnes qui, dans ce cas, ne se sauvent pas bien loin, ils font de petits temps de vol sans battements, en produisant avec leurs ailes un sifflement strident que reconnaîtra facilement quiconque l'aura entendu une fois.

Les bécassines s'élèvent à une grande hauteur, puis elles produisent, avec leurs ailes, une espèce de bêlement qui ressemble assez à celui d'une chèvre. Les paysans morvandeaux appellent ce bruit venant d'en haut *la bique du temps,* ce qui veut dire la chèvre du ciel, et ils le regardent comme un signe de beau temps. Plusieurs d'entre eux ne soupçonnent pas qu'il est dû à la bécassine qui se trouve, le plus souvent, hors de vue quand on entend son bêlement d'ailes. Elle le produit en se laissant rapidement descendre et en frappant l'air avec vivacité. Chacun de ses coups d'ailes répond à un des sons tremblottants qui composent son bêlement.

Nous avons parlé tout à l'heure d'un gallinacé à ailes d'hirondelles, c'est-à-dire longues et pointues : fait exceptionnel, car l'un des caractères les plus constants de ces oiseaux, c'est d'avoir les ailes courtes et rondes. Le vol des gallinacés est court (dans les plaines on les prend avec des levriers), mais surtout il est pénible. Lorsque la perdrix s'enlève, elle fait souvent entendre des cris qui m'ont bien longtemps étonné. Je ne comprenais pas pourquoi un oiseau sans défense appelait sur lui, au moment du départ, l'attention des chiens et du chasseur qu'il avait tant d'intérêt à éviter.

J'ai fini par m'apercevoir que chaque cri de la perdrix correspondait à un battement de son aile ; j'ai compris alors que l'oiseau, soumis à une série d'efforts pénibles, se soulageait involontairement en laissant échapper à chaque effort un cri ou une plainte analogue au *han* des charpentiers ou au gémissement des ouvriers boulangers, pour cela appelés *geindres.*

La perdrix étant destinée à marcher beaucoup et à voler très-peu, son appareil de vol a été réduit pour décharger d'autant son appareil de marche.

Chez la perdrix, comme dans toutes les autres espèces, les ailes paraissent donc logiques et calculées pour le plus grand bien de l'oiseau qui les porte. Il n'en est pas de même de celles de l'argus, qui *semblent* créées dans le but spécial d'embarrasser leur propriétaire et de dérouter les natura-

listes. L'argus est un grand et bel oiseau, mais dont l'aile
est construite à l'encontre de celle de tous ses congénères
et demeure pour moi à l'état de problème et d'énigme.
Chez l'argus, les grandes pennes, celles de la rame, sont
excessivement raccourcies, tandis que les petites, celles qui
sont entre le corps et la rame, sont d'une longueur énorme
et dépassent de beaucoup les premières (fig. 34).

Que peut-on faire d'une aile ainsi organisée? N'ayant

Fig. 34.

jamais vu voler l'oiseau, je ne me hasarderai pas à l'indiquer; j'appelle sur ce point l'examen et le témoignage des
voyageurs.

Nous avons jusqu'ici parlé des ailes; il y a quelques observations à faire sur le gouvernail.

Les oiseaux de proie l'ont tous grand et fort. Chez les
oiseaux appelés, en terme de fauconnerie, oiseaux de haut
vol, qui fournissent les meilleurs rameurs, faucons, gerfauts et autres jusqu'à l'émérillon, il dépasse peu ou pas les
ailes.

Chez les oiseaux de basse volerie, autours, éperviers, il se prolonge de beaucoup au delà.

Chez les plus puissants voleurs, le martinet et la frégate, la queue est très-longue et forte, ce qui n'empêche pas l'extrémité des ailes de la dépasser de beaucoup.

La queue n'est nécessaire pour le vol à aucun oiseau ; on peut la leur ôter à tous, sans qu'ils cessent pour cela de voler ; mais leur vol perd alors une partie de sa force et surtout de sa souplesse. En voici la raison. Lorsque l'oiseau veut changer rapidement sa direction de vol, il oppose à l'air, dans cette direction, la plus large surface de son aile, au lieu de lui présenter, comme avant, sa partie antérieure et tranchante : l'air résiste à l'aile et lui donne un point d'appui, à l'aide duquel l'aile change brusquement la direction de la marche (V. fig. 45) ; mais il faut pour cela que la résistance de l'air agisse à la fois sur la partie antérieure du corps de l'oiseau au moyen de l'aile, et sur la partie postérieure au moyen de la queue. Si la queue fait défaut, l'impulsion acquise par la partie pesante et postérieure du corps agit tout entière en manière de levier sur l'articulation de l'humérus placé tout à l'avant, et exerce sur elle une telle force de torsion que l'aile n'y résiste pas. Vous pourrez observer sur toute la tribu des canards ce défaut de souplesse de vol causé par une queue trop peu développée. Que serait-ce donc, s'ils n'en avaient pas du tout ?

C'est ce qu'on pourra étudier sur la roussette, énorme chauve-souris de plus d'un mètre d'envergure. Non-seulement cette chauve-souris n'a pas de queue, mais même à la place de la queue, son appareil possède, du moins sur les individus empaillés, une entaille très-prononcée (fig. 55), fait que je crois unique dans les annales de la locomotion aérienne. Sans l'avoir vue voler, on peut affirmer que son vol doit être suivi et régulier, sinon dans le sens du roulis, au moins dans celui du tangage, et différer du tout au tout du vol sautillant et inégal de nos chauves-souris de France. Buffon dit qu'elle s'enlève difficilement et ne plane pas, comme l'oiseau de proie : il veut dire par là qu'elle ne fait pas de vol à voile circulaire, ce qu'il était facile de prévoir puisqu'elle n'a pas de gouvernail, à moins cependant que l'échancrure, si accusée chez l'animal mort, ne disparaisse chez l'animal vivant.

Fig. 55.

La structure de la roussette demeurera longtemps encore un sujet de surprise et de méditation pour tous ceux qui voudront s'occuper de l'art du vol[1].

Plusieurs oiseaux, loin d'être dépourvus de queue, sont tout aussi étonnants par l'excès et l'excentricité de son développement. Les veuves l'ont ornée de quelques plumes énormes, molles, recourbées et flottantes. Un engoulevent exotique, de la même taille que le nôtre, possède deux plumes de deux ou trois pieds de long, pendantes et entièrement inertes comme la queue d'un cerf-volant[2]. Que peut-il

---

[1] Je voudrais bien que l'on fît des expériences sur les voiliers de profession et qu'on les privât de leur queue, pour voir s'ils feraient encore du vol à voile circulaire. Il faudrait pour cela une installation que je n'ai pas. Le fauconnier d'Arcussia dit qu'on empêche l'autour de s'élever trop haut en raccourcissant sa queue, ou bien en la liant de manière qu'il ne puisse plus la développer.

L'albatros vole à voile avec un gouvernail très-court, mais le fait-elle circulairement? C'est ce que je ne sais pas.

[2] Le capitaine Speck dit que ces longues plumes tiennent aux ailes ; je ne suis point en mesure de le contredire. Sur les individus empaillés elles paraissent tenir à la queue.

faire d'un appareil aussi gênant et en apparence aussi
inutile? Il faudrait le voir voler et connaître ses mœurs
avant de se permettre d'avoir une opinion là-dessus.

Tout le monde connaît la queue du paon ; elle est inex-
plicable au point de vue du vol, et aussi ce n'est pas au
point de vue du vol qu'elle a été créée. C'est, lorsqu'il fait la
roue, un drapeau et un point de ralliement pour les paonnes.
C'est, en tous temps, une conséquence du système de pro-
tection des femelles et des petits par les mâles, système assez
généralement admis parmi les oiseaux et les mammifères.
Dans les espèces guerrières et armées, le mâle se bat ; dans
les espèces désarmées, il s'expose revêtu de couleurs écla-
tantes et de formes qui attirent l'œil, comme l'épaulette des
chefs de guerre : les ennemis de sa race l'aperçoivent de
loin et se dirigent sur lui, tandis que sa famille, revêtue de
couleurs obscures, gagne un abri et disparaît inaperçue.

Cela est si vrai que le paon se fait une queue pour le
temps de la couvée et de l'éducation des petits, et s'en dé-
fait aussitôt après.

Je ne puis rien dire des écureuils volants (taguans, pola-
touches), puisque je ne les ai vus qu'empaillés ; mais à propos de queues appliquées à la locomotion, je noterai sur
l'écureuil commun une particularité jusqu'à présent laissée
inaperçue : l'écureuil fait du vol ramé avec sa queue, autant
du moins que le permet sa conformation. Le meilleur moment pour le constater est celui où il s'élance du haut d'une
branche vers une autre branche inférieure, mais assez éloignée pour que, malgré l'élan donné par ses jambes, il ait
quelque peine à l'atteindre ; pendant tout le temps qu'il est
en l'air, il frappe l'air de sa queue, et cela avec une grande
violence et une excessive rapidité. La queue, dont la souplesse est extraordinaire, s'étend pour frapper en descendant, puis se replie pour remonter et frapper de nouveau
dans toute sa longueur. C'est pour cela que l'écureuil, lors
même qu'il ne bondit pas, imprime fréquemment à sa
queue et principalement à la racine de sa queue, des sac-

cades brusques et, en apparence, tout à fait inutiles, tellement, qu'au premier coup d'œil on les prendrait pour des
mouvements convulsifs. Il n'y a pas dans la nature de mouvement habituel qui soit convulsif, ou même inutile. L'écureuil qui se promène sur une branche songe qu'il devra
bientôt peut-être bondir et employer sa queue à ramer en
l'air; pour l'assouplir et la mettre en bon état, ou bien
pour s'assurer qu'elle est en bon état, il exécute un
mouvement qui est l'ébauche ou l'embryon du mouvement
utile qu'il projette et qu'il développera bientôt en grand.
C'est pour ce même motif que la bergeronnette exécute,
sans cesse, en marchant, ce mouvement qui lui a fait
donner le nom de hoche-queue, mouvement que tout le
monde a remarqué et que personne n'a songé à expliquer.
La bergeronnette est du nombre des petits oiseaux qui
exécutent le vol sauté (V. fig. 16). Dans ce vol, les ailes
frappent quelques coups, puis se replient entièrement; la
queue accompagne le mouvement d'ailes; à chaque coup
d'ailes elle s'ouvre complétement, et si elle ne frappe pas,
elle appuie au moins très-fortement sur l'air. Lorsque l'aile
se replie et devient inactive, la queue en fait autant; lorsque
la bergeronnette est posée, elle songe qu'elle s'envolera
bientôt et qu'elle devra fréquemment, suivant son habitude,
appuyer sa queue sur l'air et puis cesser de l'appuyer; c'est
en commémoration de ce mouvement qu'elle a fait, et en
préparation de ce mouvement qu'elle compte faire, qu'elle
imprime à sa queue des mouvements de haut en bas. La
queue de la pie et du troglodyte a des mouvements qui se
rapprochent de ceux de la bergeronnette, sans être cependant
identiques.

Cette habitude n'est pas seulement commune aux oiseaux
et aux quadrupèdes, elle l'est aussi aux poissons. Vous verrez souvent la truite, immobile quant à la place qu'elle occupe, mais les nageoires ouvertes, et la queue vivement et
constamment agitée; c'est un signe qu'elle est en chasse,
et que, ne découvrant aucun poisson, elle tient en haleine et

en exercice ses instruments de locomotion, pour le moment
où la proie se présentera.

Ainsi s'explique la queue de l'écureuil, queue plus longue
et plus large que lui ! queue sans analogue dans la création !
queue prodigieuse et insensée dans son développement, si
elle n'avait pour but d'agir sur l'air ! Il ne faut pas la comparer à la queue du rat, son cousin germain, presque aussi
longue, mais dépourvue de largeur, et presque dépourvue
de mouvement et de sensibilité. Le rat, lorsqu'il saute de
haut, la tient dirigée vers la terre, pour rompre le coup et
amortir le premier choc. Il n'en fait rien de plus, et voilà
pourquoi les petites souris des champs qui ne grimpent jamais sont dépourvues de queue ; elles n'en ont pas besoin.
Mais la queue de l'écureuil est un membre très-perfectionné.
Je ne sais pas bien s'il s'en sert, à l'instar du rat, comme
d'un bouclier en cas de chute ; je serais porté à penser le
contraire : mais, en tous cas, ce n'est pas pour cela qu'elle a
été pourvue d'une souplesse et d'une agilité merveilleuse,
et garnie d'une fourrure longue et forte, *toute dirigée dans
le sens de la largeur* ; la queue de l'écureuil n'est point
un cylindre comme celle du renard ou du chat, mais
une surface large et plate comme tous les autres appareils
de vol.

Il s'est trouvé des naturalistes ingénieux qui ont pensé
que la queue de l'écureuil, ordinairement relevée par dessus
sa tête, était destinée à lui servir d'ombrelle et de parasol.
Ce serait une grande dépense pour un petit résultat ; mais,
en allongeant ses sauts et en lui permettant d'atteindre des
branches qui autrement auraient été hors de sa portée, elle
lui paye ses frais d'entretien et peut, dans certains cas, lui
sauver la vie.

Je me suis étendu sur cette queue d'écureuil, parce qu'il
ne m'est pas prouvé que, quand l'homme voudra faire du
vol ramé, il ne devra pas placer sa rame à l'arrière au lieu
de la placer de côté. Ce n'est pas que je ne comprenne l'inconvénient très-grave de cette disposition : mais on agirait

4

prématurément, si, dès à présent, on en rejetait même l'examen.

Outre l'écureuil volant, il y a aussi un singe volant appelé le galéopithèque (fig. 55 *bis*).

Avant de quitter les animaux à sang chaud, je ferai une dernière remarque dans l'intérêt de ceux qui voudraient étudier l'art du vol.

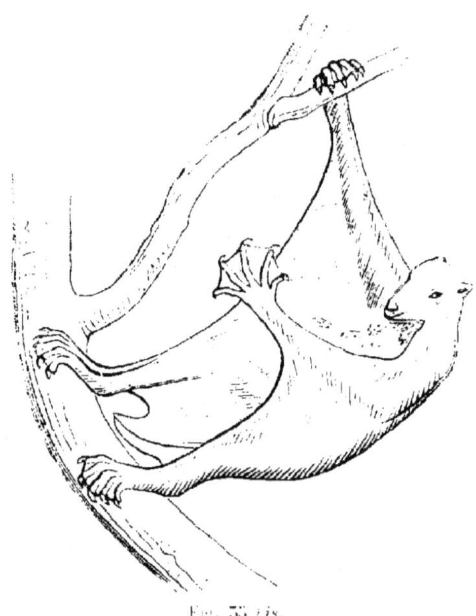

Fig. 55 *bis.*

Excepté les pigeons fuyards, n'étudiez jamais les oiseaux domestiques, leur vol n'est bon qu'à gâter le goût et à fausser le jugement. Les pigeons de volière notamment, qui ne volent jamais par nécessité, mais seulement par plaisir et pour se donner de l'appétit, adoptent *tous* un vol absurde dans son ensemble et dans tous ses détails. C'est une espèce de danse aérienne, un menuet prétentieux et érotique, entremêlé d'entrechats et de pirouettes. L'un d'eux, le pigeon culbutant, est arrivé à cet excès de sottise d'introduire dans

son vol le saut périlleux en arrière. Il se renverse complétement et fait le tour entier; peut être essayera-t-il aussi
de faire le saut périlleux en avant, mais il est consolant de
penser qu'il n'y réussira jamais; ce saut est, pour toujours,
interdit à l'oiseau, puisque, pour le faire, il devrait appuyer
sur l'air, au moment où il aurait le ventre en haut, non le
dessous, mais le dessus de son aile, ce que son organisation
ne lui permet pas. Les oiseaux devraient laisser ces exercices
aux clowns et aux saltimbanques; mais, puisqu'ils ont eu la
malheureuse idée de les leur emprunter, soyons avertis que
c'est là une perversion et une dégradation de l'exercice du
vol; et quand nous voudrons l'étudier, cherchons des mo-
dèles plus rapprochés de la nature, et plus soigneux de leur
dignité personnelle et de la majesté de l'art.

CHAPITRE VIII

FORMES DE L'APPAREIL DU VOL CHEZ LES ANIMAUX
A SANG FROID

Le caractère distinctif des ailes des animaux à sang froid, c'est l'absence de jointures dans leur longueur.

En tout, elles n'en ont qu'une, celle qui les attache au corps.

Nous parlerons en premier lieu du poisson volant (fig. 56), parce qu'il est le plus gros des êtres pourvus d'une aile établie dans de telles conditions. L'aile du poisson, quoique très-petite par rapport au corps qu'elle doit porter, est cependant la plus grande aile d'une seule pièce que nous présente le règne animal.

Sans jointure dans le sens de la longueur, elle se plie et se déplie comme un éventail dans le sens de la largeur. Son attache est, comme chez les oiseaux, placée tout à fait à l'avant. Comme chez les oiseaux, le côté intérieur de l'aile doit, pendant le vol, s'appliquer sur les flancs pour soutenir le poids de la partie postérieure du corps, et l'empêcher d'agir avec une force de levier sur l'attache de l'aile. Mais une partie essentielle de l'appareil du vol manque chez le poisson : c'est le gouvernail. Celui qu'il possède est calculé pour agir dans l'eau ; il devient à peu près impuissant dans l'air. Aussi le poisson, une fois lancé, vole devant lui en ligne droite sans pouvoir dévier, et il va se heurter aux cor

dages et aux flancs des navires qu'il voit pourtant, mais qu'il
ne peut pas éviter.

Fig. 56.

Le nombre des ailes n'est pas fixe chez les insectes comme
chez les oiseaux et chez les poissons. Il est tantôt de deux,
tantôt de quatre. L'aile toujours dépourvue de jointures demeure constamment étendue, excepté chez les coléoptères
qui la replient sous son élytre. Chez certains insectes qui
ont quatre ailes, et notamment chez les sphinx, celle du
dessous qui est subsidiaire se replie sur elle-même pendant
le repos, mais dans le sens de la largeur seulement.

Il m'a semblé que, chez les insectes, la grande et la petite paire d'ailes ne se relayaient jamais, comme le font chez
les oiseaux les grandes et les petites pennes dans le vol

ramé, mais qu'elles frappaient ensemble: la division de l'appareil en deux paires d'ailes qui se plient l'une sur l'autre, n'ayant pour objet que de le rendre moins embarrassant, lorsqu'il est au repos. Je donne cette opinion pour ce qu'elle vaut et sans garantie, l'extrême rapidité des mouvements de l'aile des insectes ne m'ayant pas permis d'acquérir une certitude. Je n'ai vu aucun insecte faire du vol à voile; il est probable que l'absence de gouvernail ne le lui permet pas. Il y a cependant des papillons qui ont à l'extrémité postérieure des ailes un prolongement en forme de gouvernail, et évidemment destiné à en remplir plus ou moins bien les fonctions. Ce sont les machaons, les alexanors, les podalires, etc. Il doit en résulter une différence sensible entre leur vol et celui des autres papillons, mais je ne l'ai pas étudiée.

Les sphinx ont aussi, à l'extrémité du corps, des espèces de plumes qui représentent, tant bien que mal, une queue : mais je n'ai pas pu distinguer s'ils en font usage.

L'aile de mouche doit frapper du bout, et la partie qui joint le corps est faite uniquement pour allonger la rame. Aussi cette partie est-elle, dans plusieurs espèces, presque dépourvue de largeur ; et, tandis que l'aile de l'oiseau, large près du corps, va en se rétrécissant, l'aile de certaines mouches va en s'élargissant, de la naissance près du corps à son extrémité.

En voici la raison : les petites pennes qui composent la largeur de l'aile de l'oiseau près du corps sont destinées, comme nous l'avons vu, à soutenir le corps pendant que la rame remonte après avoir frappé. Chez les mouches, les coups se succèdent avec une si grande rapidité qu'il n'est pas nécessaire de placer entre eux une force de soutien intérimaire. Les coups d'ailes arrivent à raison de plusieurs centaines par seconde. Le mouvement de chute n'a pas le temps de se prononcer de l'un à l'autre.

Il n'y a personne qui n'ait remarqué le vol irrégulier et désultoire du papillon : ce vol ne ressemble à aucun autre, parce qu'il emploie un moyen qu'aucun autre être volant, peut-être, ne connait. Le papillon frappe l'air avec le dessous de ses ailes en les abaissant, et ensuite il le frappe avec le dessus en les relevant. Il a donc à sa disposition une double source de mouvements opposés et ils agissent alternativement en sens invers l'un de l'autre. Il en résulte une inconsistance de vol sans exemple dans la nature et trèssurprenante à considérer, tant qu'on n'en a pas pénétré le mécanisme. J'ai lu que les frégates frappaient quelquefois l'air du dessus de leurs ailes, mais j'ignore si cela est vrai. Les sphinx et d'autres papillons ne connaissent point ce genre de vol.

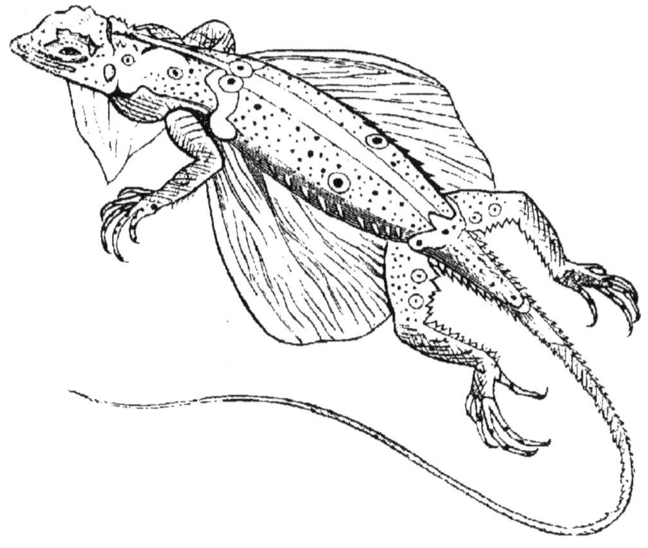

Fig. 56 bis.

Les papillons de jour sont, je crois, ceux de tous les insectes volants qui ont l'aile la plus étendue. Les faux bourdons ou bombus sont ceux qui l'ont la plus petite en proportion de leur poids, à moins cependant qu'on ne doive compter les courtillières parmi les insectes volants, comme quelques-uns l'ont prétendu.

Parmi les animaux à sang froid, il se trouve quelques espèces qui, bien que ne volant pas, sont l'équivalent des écureuils volants et autres animaux à sang chaud qu'on appelle volants, quoiqu'ils ne volent pas non plus. Ce sont des reptiles dont l'un est reproduit (fig. 56 *bis*). C'est le *Draco fimbriatus*, de Cuvier (*R. A.*, t. II, p. 42).

Comme pendant à l'autruche et à l'aptérix, ils ont, par exemple, les grillons qui possèdent des ailes et ne s'en servent pas, même comme le fait l'autruche, pour aider leur course ou leur saut.

CHAPITRE IX

DES FORMES SPÉCIALES DE L'APPAREIL DU VOL CHEZ LES COLÉOPTÈRES

Si je consacre un chapitre particulier au vol des coléoptères, ce n'est pas parce que leurs méthodes coïncident avec celles dont je recommande l'étude en ce moment, c'est au contraire parce qu'elles en diffèrent et parce qu'elles coïncident avec celles d'autrui. Il est bon que chacun fasse valoir et défende ses idées en histoire naturelle ; mais il ne convient pas d'aller jusqu'à nier ou taire des faits acquis, parce que d'autres pourraient, à tort ou à raison, s'en prévaloir et en tirer des déductions plus ou moins contestables.

Si un insecte du poids de quelques grammes ou de quelques centigrammes adopte un mode de vol particulier, ce n'est pas une raison suffisante pour que le même vol convienne à des êtres pesant soixante kilogrammes, mais c'est une raison suffisante pour qu'on ne nie pas ce genre de vol, et pour qu'au contraire on le constate, sauf à méditer et à débattre les conséquences qu'on en doit faire sortir.

Si vous parcourez les brevets d'invention pris en France et à l'étranger, vous trouverez que Henson (en Angleterre) et d'autres en divers lieux ont voulu établir le vol sur une double puissance : 1° puissance active d'impulsion produite par la vapeur ou par quelque autre moteur analogue ; 2° puissance passive de soutien ou de résistance produite par une surface rigide agissant sur l'air en manière de cerf-volant.

Or, c'est là précisément ce que font les coléoptères. L'élytre s'ouvre au moment où l'aile se déploie et demeure immobile et étendue jusqu'au moment où elle se ferme.

L'élytre a été créée principalement dans le but de compléter la cuirasse du coléoptère et d'abriter son aile et la partie supérieure de son corps. Si elle avait en le vol pour but, nul doute qu'elle n'eût été plus aplatie et dépourvue de cette espèce de voussure ou de convexité qui existe à des degrés divers chez toutes les espèces. Mais alors elle n'aurait pas enveloppé et garanti l'animal comme une armure mobile et articulée artistement appliquée sur ses parties molles. Le coléoptère une fois pourvu d'une élytre qui, par la force des choses, se trouvait un peu trop bombée pour le vol, n'avait plus rien de mieux à faire que de l'utiliser, telle qu'elle est, et c'est ce qu'il a fait.

Il tient l'élytre largement ouverte, de sorte que l'extrémité soit fort au dessus de la racine ; cette disposition qui n'est pas la plus avantageuse de toute pour le vol, lui apporte cependant un assez puissant secours. Elle est impérieusement motivée, d'ailleurs, par la nécessité de laisser toute latitude au jeu de l'aile qui se meut au dessous.

L'élytre ne donne jamais de battements ; mais elle offre un point d'appui à l'aile, à chaque battement que donne celle-ci : et la preuve, c'est que le coléoptère qui a les élytres rompues ou une seulement, ne vole, je crois, plus jamais. L'élytre, comme une aile de voilier, présente toujours en avant, et dans le sens de la direction du vol, la tranche coupante et antérieure de sa surface et présente et incline au vent toute l'étendue de sa surface inférieure, de manière à produire, comme les petites pennes de l'aile de l'oiseau, un mouvement de soulèvement dès que le vol de l'insecte a acquis quelque rapidité.

L'aile des coléoptères est très-allongée ; si elle ne pliait pas sous l'élytre dans le sens de sa longueur aussi bien que de sa largeur, elle dépasserait de beaucoup la partie postérieure de l'animal, comme il arrive dans les oiseaux bien envergués. Mais cette longue aile manque entièrement de fermeté ; d'autre part, elle doit porter le poids d'une carapace, relativement très-pesante ; pour ces motifs et probablement pour d'autres encore, le vol de tous les gros coléoptères est remarquablement lourd. Le moindre choc suffit pour l'interrompre et les jeter à terre, d'où ils ne se relèvent qu'avec peine. Au surplus, dans le vol, et hors du vol, ils sont remarquables entre tous les insectes par leur gaucherie et leur maladresse.

L'aile du coléoptère frappe probablement d'avant en arrière, et je présume qu'à l'encontre des oiseaux, il en est ainsi de tous les insectes ; mais la rapidité de leurs ailes et la transparence de plusieurs ne m'ont pas permis de m'en assurer *de visu*.

J'ai voulu seulement constater que le vol à double appareil, l'un percutant, l'autre résistant, existe dans la nature ; peut-être le retrouvera-t-on chez des êtres volants beaucoup plus perfectionnés que chez les coléoptères. Je n'ai pas l'intention de m'en occuper quant à présent d'une manière spéciale ; ce n'est pas une raison pour que d'autres ne lui donnent pas la préférence et pour que son existence ne soit pas, en tous cas, reconnue et proclamée.

CHAPITRE X

DE LA FORCE COMPARÉE DES OISEAUX ET DES AUTRES ANIMAUX

La science est sujette à s'égarer dans ses calculs, mais il est probable qu'elle ne s'est égarée, sur aucun point, plus complétement que sur celui-ci. Dès l'année 1745, Borelli a voulu calculer la force des oiseaux, et il est arrivé à ce résultat exorbitant, que la force des muscles des ailes excédait plus de dix mille fois le poids de l'oiseau !!! On trouvera des calculs plus récents de l'ingénieur Navier et de divers autres savants, tous empreints de la même exagération. Ces savants n'ont pas connu les véritables lois du vol, et probablement il était au-dessus des forces de l'homme d'y arriver par le calcul ; il était beaucoup plus facile de les découvrir par une observation patiente et scrupuleuse que par des combinaisons de chiffres peut être très-profondes, mais qui partaient de données inexactes.

Tous ces calculateurs attribuent à l'aigle la force de plusieurs chevaux, et Buffon, qui était pourtant un naturaliste, affirme tranquillement que le cygne peut d'un seul coup d'aile casser la cuisse à un homme. Il serait bien facile d'en faire l'expérience. Lâchez sur un cygne un simple renard ou un chien de combat du poids de douze livres ; si le cygne peut casser la cuisse d'un homme, il devra d'un seul coup d'aile broyer son faible antagoniste. Mais ce n'est pas là ce qui arrivera : le cygne sera étranglé en un instant.

Je ne veux sûrement pas prétendre que l'oiseau n'ait pas, *lorsqu'il est question de vol,* une supériorité constitutionnelle et congéniale sur l'homme ou sur les quadrupèdes ; mais je dis qu'il est facile de déterminer les causes de cette supériorité et d'en assigner les limites ; elles sont beaucoup moins reculées que nos devanciers ne l'ont imaginé.

Borelli a trouvé que les muscles pectoraux, ceux qui servent à donner le coup d'aile, étaient chez l'oiseau d'un poids supérieur à tout le reste du système musculaire, et chez l'homme du 60e seulement de ce poids.

Cette proportion doit être peu éloignée de la vérité. L'homme a été créé pour marcher, grimper, combattre, travailler, porter. Ses muscles pectoraux jouent, dans tous ces exercices, un rôle sérieux, mais non unique, tandis que chez l'oiseau ils fournissent seuls la force du coup d'aile sur laquelle repose toute l'économie du vol ramé. Par suite, ces muscles qui font la légèreté du vol ont dû prendre un accroissement énorme, tandis que les autres qui l'alourdissent ont dû être réduits au plus strict nécessaire, et ce nécessaire était fort restreint.

Une autre cause a contribué à donner aux oiseaux une grande supériorité de force nette et appliquée, quoiqu'ils n'aient, à *égalité de muscles,* aucune supériorité de forces intrinsèques et primordiales. C'est la suppression de tout appareil de suspension. L'homme et les animaux sont obligés de prendre leur élan et de rebondir sur un sol résistant dont la réaction est terrible ; elle serait certainement mortelle sans la série de jointures obliques qui rompent le contrecoup et l'empêchent de se communiquer au cerveau.

Le squelette de l'homme n'est, des pieds à la tête, qu'une série de porte-à-faux destinés à amortir le choc du corps et de la terre sur laquelle il se meut. A chaque pas de course, vous verrez le genou plier sous le coup et se redresser par un mouvement élastique. Plus haut, vous trouverez le fémur attaché au bord extérieur du bassin, lequel bord forme un écart considérable avec le centre de gravité et d'appui représenté par l'épine dorsale. Cette épine elle-même est pliante et élastique dans toute sa longueur; elle présente deux courbes dessinées en sens contraire, la cambrure des reins et l'inflexion du cou. Au-dessus vient le cerveau. Cette série de ressorts et de lignes brisées le préserve des secousses qui lui causeraient certainement des lésions fatales : mais elle use et détruit la force primitive de l'effort des jambes. L'oiseau vole sans aucune suspension artificielle, parce que, le milieu sur lequel il s'appuie étant un fluide élastique et d'une faible densité, il ne peut y rencontrer aucun choc pernicieux pour son économie intérieure. Il le frappe directement et la force qu'il dépense tourne tout entière au profit de sa progression ou de son ascension.

Un fait tout à fait concluant établit que la supériorité de vitesse du vol de l'oiseau sur la course du quadrupède résulte de cette suppression des porte-à-faux, et non d'aucune supériorité originelle de force générale. Ce fait, c'est que la vitesse des oiseaux coureurs n'excède pas celle des quadrupèdes. L'autruche a été calculée uniquement pour la course : toute sa force est dans son train de derrière. Bien que je n'aie jamais disséqué l'autruche, je n'hésite pas à affirmer que sa poitrine doit être allégée de ces muscles énormes qui chargent celle des oiseaux volants. Eh bien ! l'autruche est atteinte non-seulement par les lévriers, qui sont les plus rapides de tous les quadrupèdes, mais encore par les bons chevaux arabes.

Même observation pour les oiseaux grimpeurs : l'écureuil les atteindra tous en un instant. Un simple rat, le lérot par exemple, atteindra certainement le grimpereau, si le grimpereau ne s'envole pas. Il atteindrait probablement l'épeiche et le pivert, si on pouvait le déterminer à les poursuivre. Pourquoi l'oiseau coureur ou grimpeur perd-il sa supériorité de vitesse sur les animaux terrestres? C'est qu'en grimpant ou courant, il se fait lui-même animal terrestre; il doit

subir les mêmes chocs que le quadrupède et, par conséquent, parer à leur amortissement.

L'appareil de course ou de grimpement est un appareil
de suspension, comme celui des quadrupèdes et, comme lui,
use la meilleure partie de sa force en porte-à-faux. (fig. 57
et 58.)

Fig. 57.   Fig. 58.

On obtiendra une preuve encore plus décisive si l'on veut
bien comparer la vitesse du vol et celle de la marche dans
le même oiseau, et en ayant soin de choisir pour cette expérience ceux qui marchent le mieux et qui volent le plus mal,
par exemple, les perdrix ; la supériorité de vitesse du vol
est immense.

Et que dirait-on si l'on trouvait cette même supériorité de
vitesse du vol chez les animaux marchants et volants, chez
lesquels le vol ne peut être qu'accessoire, puisqu'ils ne le
pratiquent qu'une seule fois dans leur vie ? Ne serait-on pas
forcé d'admettre qu'elle n'est point due à une plus grande
puissance absolue et primordiale donnée aux êtres volants,
ni même, dans ce cas, au sacrifice nécessaire fait à l'appareil du vol de tous les autres appareils musculaires, mais
uniquement à la facilité plus grande de l'exercice en lui-
même ? Eh bien, prenons l'insecte le plus commun et le plus

connu de tous, la fourmi. La plus grande vitesse de marche soutenue que puisse produire la fourmi est de 3 mètres par minutes ; et encore, pour trouver cette vitesse, faut-il la chercher dans des circonstances tout à fait exceptionnelles [1].

Mais la fourmi reproductrice vole une seule fois dans sa vie et, quoiqu'il soit difficile de mesurer au juste la vitesse de son vol qui est parfaitement irrégulier, il est impossible de l'évaluer à moins de 3 mètres par seconde, ce qui donne 60 fois la vitesse maximum de la marche du même animal.

Il faut remarquer que, dans l'exercice même du vol, c'est comme rapidité seulement et non comme puissance que l'avantage reste aux oiseaux. On lit partout des histoires d'aigles qui ont emporté des chèvres, des moutons et même des petits enfants. Ces histoires sont bonnes pour amuser ces derniers; quant aux moutons et aux chèvres, s'il s'agit d'animaux d'une semaine ou d'un mois, je n'ai rien à dire contre ; mais s'ils étaient adultes, l'aigle a pu les tuer et en emporter un morceau : mais, depuis la création du monde, il n'a jamais emporté l'animal entier. Jusqu'à preuve contraire, je maintiens que sauf l'exception mentionnée au chapitre 16, fig. 48, 49, aucun oiseau n'enlève un poids égal au sien, ou même approchant du sien. L'homme le fait facilement et pour un long parcours ; les mouches le font aussi. L'Ichneumon emporte au vol des insectes plus lourds qu'elle ; l'abeille s'envole aisément en emportant une autre abeille ; l'histoire nous apprend qu'Énée emporta Anchise ; mais l'oiseau est déjà chargé lorsqu'il tient dans ses serres 50 pour 100 de sa pesanteur : je doute qu'on le voie souvent, dans le vol ramé, se charger de plus de 60 pour 100.

Une autre illusion a égaré les écrivains qui ont voulu résoudre la question à force de chiffres et de recherches dans leur cabinet. Ils ont dit : Le corps et les os de l'oiseau con-

[1] C'est la vitesse de la fourmi rousse, habitant une fourmilière à esclaves noires et revenant à vide d'une expédition. Je la lui ai vu fournir pendant 60 mètres de marche parfaitement rectiligne, et d'une régularité qui semble plutôt mécanique qu'animale.

tiennent une énorme quantité d'air ; cet air allége l'ensemble de la machine volante et lui aide à se soutenir.

L'existence chez les oiseaux de réservoirs d'air en dehors du poumon ne peut être contestée ; mais est-ce bien pour alléger le corps et faciliter le vol que ces réservoirs leur ont été donnés? Notons tout d'abord que c'est là une disposition assez fréquente dans la nature et que ces réservoirs existent chez des animaux qui ne peuvent jamais les utiliser pour le vol ; chez les serpents, par exemple. *Traité de physiologie*, par Burdach, p. 558.)

Ensuite les poumons des oiseaux, au lieu de remplir, comme chez les animaux terrestres, presque toute la cavité thoracique, n'en remplissent que la septième ou la huitième partie. (*V*. Béclard, *Traité de physiologie humaine*, RESPI-RATION, p. 524.) Il fallait bien leur restituer, sous une autre forme, la masse d'air dont dispose la respiration des quadru-pèdes, et il valait mieux que cet air fût réparti entre plu-sieurs sacs ou réservoirs que concentré dans un poumon plus développé.

En effet, chez l'oiseau, les poumons sont plaqués et aplatis contre l'épine dorsale qu'ils tapissent en dessous, de manière à alléger non l'oiseau par rapport à l'air, mais sa partie supérieure par rapport à l'inférieure.

Le poids de l'oiseau doit être en bas, comme le lest d'un vaisseau, et au dessous de l'appareil de suspension. Si le poumon s'était étendu, comme dans l'espèce humaine, de-puis l'épine dorsale jusqu'au sternum, le sternum aurait été allégé ; des muscles solides et des viscères pesants auraient été remplacés par une substance spongieuse et gonflée d'air. Il valait mieux distribuer l'air entre plusieurs réservoirs ou sacs, tous placés à la partie supérieure du corps. Le vide qui se trouve entre l'épine dorsale et les intestins a pour résultat d'abaisser le centre de gravité, résultat inappréciable au point de vue de la stabilité.

Les sacs à air sont presque tous distribués par paires à droite et à gauche et au-dessous de l'épine dorsale. Les plus grands sont ceux de l'abdomen : or, les intestins peuvent être portés de gauche à droite et *vice versa*. Dans ce mouvement, ils compriment un des sacs latéraux, en laissant se développer le sac correspondant : il en résulte un déplacement latéral du centre de gravité, déplacement qui n'est pas moins important, à un moment donné, que le déplacement vertical.

L'oiseau peut à volonté faire sortir l'air de ces sacs et le reverser dans le poumon. Ainsi il possède un petit emmagasinement d'air qui lui permet de se passer quelque temps de respiration extérieure.

Comme son poumon est excessivement petit si on le compare à celui des quadrupèdes, s'il n'y avait pas été suppléé, la respiration de l'oiseau aurait dû, pour produire les mêmes résultats, être cinq ou six fois plus rapide que celle du quadrupède : il en serait résulté une énorme fatigue de l'organe.

L'air n'existe pas seulement dans les réservoirs ou sacs dont nous venons de parler : il existe aussi dans les os, ou du moins dans plusieurs os, et particulièrement dans ceux de l'aile. Ici, il a certainement pour but d'alléger l'aile, et, par conséquent, d'augmenter la rapidité de ses mouvements : mais il est à remarquer qu'il n'augmente point le volume de l'oiseau, puisqu'il remplace la moelle qui aurait été aussi étendue et beaucoup plus pesante. Il n'en faut donc pas conclure que les réservoirs du sternum et de l'abdomen, qui ne remplacent rien et augmentent le volume de l'oiseau, auraient pour résultat de faciliter son vol en diminuant sa pesanteur spécifique.

L'oiseau volant doit lutter contre deux obstacles, sa pesanteur et son volume. Comment, en augmentant l'un, arriverait-il à diminuer l'autre? Si un oiseau pèse un kilogramme et s'il déplace, en volant, un décimètre carré d'air, que gagnera-t-il à se gonfler et à en déplacer deux? Son poids en sera-t-il amoindri? non. Seulement, toutes choses demeurant d'ailleurs en état, il éprouvera, dans son mouvement de translation, une résistance double

D'ailleurs, il faut poser des chiffres et voir au juste de combien l'oiseau s'allégerait, en se gonflant d'air.

Il est bien certain qu'aucun oiseau n'enfle ses réservoirs au point d'obtenir un volume d'air égal à son volume de chair et d'os; cependant, pour faire beau jeu à l'opinion adverse, supposons qu'il en soit ainsi. Supposons encore que l'air, échauffé par le corps de l'oiseau, se raréfie au point d'équivaloir presque au vide et de n'avoir plus de poids appréciable, ce qui est également impossible. Avec tout cela à quoi arrive-t-on?

Le poids de l'air est au poids de l'eau comme 1 est à 770, et, par conséquent, à la matière animale, à peu près comme 1 est à 800. L'oiseau vide d'air pesait (nombres ronds) 1 kilogramme et cubait 1 litre. Étendu d'un volume d'air échauffé égal au sien, il cube 2 litres. Le litre qu'il a acquis l'allége, par rapport à l'air ambiant, de 1 gramme 25 centigrammes. L'oiseau a augmenté son volume et la résistance de l'air de 100 pour 100, et il a gagné en légèreté 1 pour 800, c'est-à-dire 000,125 ou un gramme et quart.

Et, pour équilibrer son poids de 1 kilogramme, il faudrait qu'il prît un volume de 800 litres d'air supposé dépourvu de toute pesanteur, de sorte qu'une perdrix-rouge aurait le volume de deux tonneaux et un canard celui de quatre. Nous arrivons à l'aérostation; mais il n'est plus question du vol. L'aérostat, comme son nom l'indique, est précisément l'opposé de la navigation aérienne. Il se tient immobile en l'air (*aere stat*); il est incapable de le fendre et de le traverser.

A l'autorité du raisonnement ajoutons l'autorité bien autrement décisive du fait. Si la rapidité du vol était proportionnelle à la légèreté spécifique du corps, les oiseaux de haut vol, faucons, gerfauts, émerillons, posséderaient cette légèreté à un plus haut degré que les autres oiseaux; or, précisément, ils la possèdent à un degré moindre. Voici ce que dit Hubert. (*Du Vol des Oiseaux de proie*, p. 19.) :

Les oiseaux de haut vol pèsent plus dans l'air que les oiseaux de basse volerie, tant par leur poids spécifique que par leur poids relatif aux dimensions des ailes.

Les anciens fauconniers pensaient de même :

Faut avoir égard au poids et pesanteur de l'oiseau, d'autant qu'étant pesant sur le poing, selon sa grandeur et espèce, signifie que l'oiseau sera fort et léger. (Fauconnerie de Sainte-Aulaire, 1617, p. 56.)

Quand l'oiseau est trop léger, on donne à son vol de la force et de la vitesse, en raccourcissant sa voilure et lui donnant du poids, à l'aide de lourdes sonnettes. (Fauconnerie de d'Arcussia, p. 271.)

On a comparé les sacs à air des oiseaux à la vessie natatoire qui allège réellement les poissons : pour que la comparaison fût juste, il aurait fallu que la vessie fût pleine du même liquide dans lequel le poisson se meut ; il aurait fallu que le poisson parvînt à s'alléger avec une vessie remplie d'eau. C'est ce qu'on n'a pas encore vu jusqu'ici.

Les sacs à air des oiseaux n'ont donc pas d'autre but que : 1° de venir en aide au peu d'étendue de leur poumon ; 2° de déplacer à volonté leur centre de gravité, soit dans le sens latéral, soit dans le sens vertical.

La preuve qu'ils ne sont point destinés à alléger le corps pour le rendre plus apte à l'exercice du vol, c'est qu'ils ont été donnés aux oiseaux qui ne volent pas, comme, par exemple, à l'autruche. (Sappey, *Appareil respiratoire des oiseaux*, p. 51.)

Et la preuve qu'ils ne donnent pas à l'oiseau une légèreté spécifique supérieure à celle du quadrupède, c'est que l'oiseau se noie comme le quadrupède, et souvent plus vite que lui. Le canard lui-même coule à fond aussitôt que l'eau a imbibé son plumage.

Il y a quelques oiseaux marins qui dorment habituellement sur l'eau et passent, dit-on, plusieurs mois en pleine mer : ce sont des oiseaux dont le plumage ne se mouille pas. Ce n'est pas la diminution de la pesanteur spécifique de leur corps qui les maintient sur l'eau; plumez-les, et ils se noieront.

Les oiseaux ne possèdent donc pas, en réalité, les ressources exceptionnelles qu'on leur a gratuitement prêtées ; mais, en revanche, ils n'ont point à fournir, dans le vol, les efforts herculéens qu'on leur a tout aussi gratuitement supposés. Les calculs fournis présentent des erreurs prodigieuses; par exemple, on a dit : La chute d'un corps grave dans le vide étant égale à 4^m,9044 par seconde, l'effort de l'oiseau sur l'air, pour demeurer stationnaire, doit être égal et fournir une ascension de 4^m,9044 par seconde : effort effroyable qu'aucun gros oiseau stationnaire ne peut soutenir une minute de suite. On n'a pas réfléchi que la chute est proportionnelle au carré des temps; et, pour simplifier les calculs, nous allons prendre un nombre rond et supposer que la chute est, par seconde, de 5 mètres au lieu de 4^m,9044.

Voici la loi de la chute des graves (nombre rond).

1re seconde		5^m
2e — $5 \times 3 =$		15
3e — $5 \times 5 =$		25
4e — $5 \times 7 =$		35
5e — $5 \times 9 =$		45

Au bout de 5 secondes, la chute, qui n'a pas été interrompue, a été de. . . . . 125^m

Si la chute avait été interrompue par un battement d'aile à la fin de chaque seconde, on aurait eu 5 mètres de chute par seconde, soit, pour la chute totale, 25 mètres au lieu de 125.

Maintenant procédons par division au lieu de procéder

par multiplication, et décomposons une seconde en cinquièmes de seconde. La chute, qui a été de 5 mètres pour une seconde entière, n'a pas été de 1 mètre pour chaque cinquième de seconde. En vertu de la même loi, elle a été de :

Pour le 1er 5e de seconde 0m,2
—   2e 5e   — 0m,6
—   3e 5e   — 1m,0
—   4e 5e   — 1m,4
—   5e 5e   — 1m,8
                                              ‾‾‾‾‾
                                              5m,0

D'où il résulte que, si la chute avait été interrompue par un battement d'aile, à chaque cinquième de seconde, la chute totale aurait été seulement de $0,2 \times 5 = 1$ mètre par seconde au lieu de 5.

Si donc nous comparons deux chutes de 5 secondes chacune, l'une non interrompue, l'autre décomposée en 25 cinquièmes de seconde, nous trouverons que la première donne pour résultat 125 mètres, la seconde seulement 5 mètres.

Pour obtenir cette diminution de chute, il suffit à l'animal volant de frapper cinq coups par seconde, puisque chaque coup interrompt la chute en cours d'exécution, et en recommence à nouveau une autre entièrement dépourvue de toute vitesse acquise.

Ainsi tombent les calculs inqualifiables de quelques savants qui ont fait loi jadis dans l'histoire de la direction aériennne. M. Navier estimait que l'aigle, dans un vol horizontal de 15 mètres à la seconde, faisait un effort suffisant pour élever son propre poids à 590 mètres de hauteur verticale, ce qui représente une force de 26 chevaux. On voit que son erreur était de 58900 pour 100 ou de 589 pour 1.

Une élévation de 1 mètre par seconde ne dépasse pas celle qu'obtient un homme montant rapidement un escalier. Cela ne veut pas dire que l'homme puisse jamais soutenir,

par ses propres forces, un vol ramé de quelque durée, ou
même un vol ramé quelconque non descendant, parce qu'à
son propre poids il faudra ajouter celui d'un appareil ; mais
cela veut dire que l'oiseau n'est point un être phénoménal
et doué de forces qui renversent l'imagination, aussi bien
que le bon sens ; c'est seulement un être créé pour une
destination spéciale et unique, qu'il doit remplir beaucoup
mieux que ne ferait tout autre être créé en vue d'un genre
de locomotion différent.

Les insectes possédent tous une prodigieuse rapidité de
coup d'aile, en raison de la briéveté et de la légèreté de
leur appareil. Les moucherons doivent battre plusieurs
centaines de coups à la seconde ; les hannetons, frélons et
autres gros insectes doivent, en tous cas, battre beaucoup
plus de 25 coups. J'en dirai autant des colibris et des oiseaux-
mouches, dont le coup d'aile échappe à la vue. Les petits oiseaux d'Europe se rapprochent plus ou moins des colibris
pour la rapidité des mouvements ; mais aucun des gros oiseaux ne peut fournir 25 coups à la seconde, ni rien qui
s'en rapproche. Ils y suppléent, dans le vol horizontal ou à
peu près horizontal, en ne laissant jamais commencer la
chute et en faisant sur l'air un effort non interrompu, par
l'action continue de toutes les pennes dans le vol à voile, et
par l'action alternante des petites pennes et des grandes
dans le vol ramé. Ils se placent donc dans une condition
plus avantageuse que celle qui vient d'être décrite, et n'ont
pas même à contre balancer une chute de 2 décimètres par
cinquième de seconde.

On doit donc accepter, sous bénéfice d'inventaire, les con-
jectures hasardées que nos devanciers nous ont laissées sur
le vol. On ne doit pas supposer des causes occultes et mys-
térieuses là où il n'y a absolument rien en dehors des lois
très-positives que nous faisons connaître. On ne doit pas
quitter le terrain de l'observation et du raisonnement pour
se jeter dans celui de l'imagination et de la rêverie. Ce n'est
pas ce dernier qui mène aux grandes découvertes.

Il ne faut pas croire, comme l'ont fait quelques écrivains, que les oiseaux sont beaucoup plus vigoureux que nous, parce qu'ils ont, dit-on, le sang d'un degré ou deux plus chaud. Les papillons et les moucherons se chargent de réfuter cette supposition. Il ne faut pas croire qu'un muscle d'une épaisseur donnée soit plus fort chez un faucon que chez un renard ; mais on doit admettre que toute l'organisation musculaire d'un animal ayant été concentrée sur un seul point, et tout le reste du corps ayant été calculé presque uniquement dans la vue de faciliter l'action de cette concentration, le mouvement ainsi favorisé aux dépens de tous les autres devra s'exécuter avec une puissance spéciale qu'aucun animal organisé dans un autre but ne pourra atteindre par ses moyens naturels.

Seulement, la raison et la science donnent à l'homme le moyen de l'atteindre par des moyens artificiels, puisqu'elles lui livrent, d'une part, le secret du mouvement de l'oiseau, d'autre part, l'art d'obliger les forces de la nature à venir en aide aux siennes.

CHAPITRE XI

CARACTÈRES DISTINCTIFS DU VOL RAMÉ ET DU VOL A VOILE

Si vous regardez les oiseaux voler dans un air calme, vous les verrez, suivant l'espèce à laquelle ils appartiennent, frapper l'air de coups d'aile continuels ou de coups d'aile intermittents. Ils n'ont pas d'autre moyen de progression et même de soutien dans l'espace, que le coup de rame qu'ils donnent avec leurs ailes ; mais si vous les voyez voler en temps de vent, la même uniformité n'existe plus dans leurs mouvements. Les uns continuent à ramer presque sans relâche : ce sont presque toujours les plus mal envergués. Ceux qui possèdent de vastes et puissantes ailes, les présentent au vent à l'instar de larges voiles ; la queue fréquemment ouverte, ils montent, descendent, remontent et se dirigent dans tous les sens, en ligne droite ou courbe, sans faire d'autres mouvements que ceux nécessaires pour modifier l'inclinaison sous laquelle ils présentent au vent leur appareil immobile. C'est là ce qui constitue le vol à voile.

La possibilité du vol à voile a été niée jusqu'ici, de même que la possibilité du bateau à voile avait été niée jusqu'à Dédale. Et les dénégations modernes sont moins excusables que les anciennes, puisque le vol à voile peut être observé tous les jours, tandis que la navigation à voile n'existait pas dans la nature avant que la main d'un grand inventeur l'y eût introduite.

La distinction à établir entre les deux vols présentait quelques difficultés que je vais indiquer, pour que mes successeurs ne se heurtent plus aux écueils qui ont fait dévier leurs devanciers, et qui les ont jetés ou maintenus dans une confusion inextricable.

On a confondu avec le vol à voile tous les accidents du vol ramé qui présentent *momentanément* l'appareil immobile et rigide, comme le vol à voile le présente *constamment*. Il arrive, par exemple, que l'oiseau, ayant acquis de la hauteur qu'il ne veut pas conserver, la transforme en translation et se laisse glisser en descendant sur l'air qu'il ne frappe plus. D'autres fois, il frappe quelques coups d'aile, après lesquels il continue sa marche horizontalement, en tenant les ailes étendues et en parcourant, sans ramer, un espace qui va facilement jusqu'à cinquante mètres et plus : on voit souvent voler de la sorte de simples perdrix, qui n'ont sûrement jamais eu la prétention de faire du vol à voile.

Dans ces deux cas et dans d'autres semblables, l'oiseau n'obtient aucune production de force ; il ne fait que consommer la force qu'il a précédemment acquise ; il la consomme dans le premier cas, en perdant sa hauteur, dans le second, en perdant sa vitesse.

La déperdition de vitesse dans le vol horizontal est plus difficile à apprécier à l'œil, que la déperdition de hauteur dans le vol descendant ; mais elle n'est pas moins certaine ; et dans les grands oiseaux, comme le héron et la cigogne, qui suspendent longtemps les coups d'aile dans le vol ramé, elle est encore appréciable.

C'est cependant la suspension temporaire du coup de rame, dans certaines circonstances exceptionnelles du vol ramé, qui a fait nier ou méconnaître l'existence d'un vol à voile distinct du vol ramé. On a vu des oiseaux voler quelque temps dans un air calme, en adoptant *en partie* la position et la tenue du vol à voile, c'est-à-dire l'immobilité des ailes ; en constatant les ressemblances, on a négligé de noter les dissemblances, et comme on supposait que le même vol *à ailes immobiles* se pratiquait avec ou sans vent, on a dû chercher quelques combinaisons en dehors de celles du vol à voile et par conséquent en dehors de la réalité.

Une autre circonstance a égaré les observateurs et leur a fait perdre de vue la distinction capitale sur laquelle j'insiste, parce qu'elle est la clef de voûte de tout le système du vol. Il arrive fréquemment que des vents, même assez violents, agitent la partie supérieure de l'atmosphère, et cela dans des régions très-peu élevées, tandis que l'air, au niveau du sol, est absolument dépourvu de toute apparence de mouvement. L'observateur, placé à terre et ne sentant pas le plus léger souffle, a vu l'oiseau faire du vol à voile au dessus de sa tête ; il a ignoré que le vent soufflait là où se trouvait l'oiseau ; convaincu qu'il manœuvrait dans un air calme, il a cherché à expliquer le phénomène et, partant d'une donnée fausse, il est arrivé à des conclusions pires que le point de départ. Le mal est venu de ce qu'on ne s'est pas aperçu qu'il y avait deux espèces de vol : l'un possible en tout temps, l'autre possible en temps de vent seulement ; et de ce qu'on a voulu trouver une formule qui s'appliquât également à tous les deux, entreprise impossible et devant laquelle tous les efforts de l'esprit humain auraient éternellement échoué.

Maintenant, comment distinguer le vol à voile du vol à rame ? La physionomie de ces deux vols diffère à tel point, qu'une fois qu'on les a observés, il est impossible de jamais s'y méprendre ; on les reconnaît au premier coup d'œil ; mais quand on ne les connaît pas, comment apprendre à les connaître ?

Il faut s'assurer d'abord si l'oiseau navigue dans un air calme ou dans un air agité. S'il navigue dans un air calme, ne cherchez rien de plus ; il ne peut pas faire du vol à voile, par conséquent il fait sûrement du vol ramé. Il faut regarder ensuite si ses grandes pennes sont élargies ou serrées ; il n'y a pas de vol à voile sans une extension complète et permanente des pennes, bien qu'il y ait souvent extension complète et temporaire de la queue et des pennes, sans vol à voile, notamment dans les mouvements tournants. Il faut regarder enfin si l'oiseau, dont nous supposons les ailes immobiles, progresse sans perdre sa hauteur ni sa vitesse. Ces deux derniers points acquis, on a la certitude qu'il fait du vol à voile, c'est-à-dire qu'il tire du vent non-seulement sa direction, mais encore l'impulsion à l'aide de laquelle il se meut.

Vous rencontrerez des savants, et des savants très sérieux, qui nient la possibilité du vol à voile, parce qu'ils ne l'ont point trouvée dans leurs théories et qu'on ne l'enseigne pas à l'École polytechnique. Il doit toujours y avoir accord entre le fait et la théorie ; mais il y a deux manières de les faire accorder : les uns veulent qu'on parte de la théorie pour arriver au fait, les autres qu'on parte du fait pour arriver à la théorie. Cette dernière doctrine est celle que Bacon a mise en honneur ; Cuvier en fut l'apôtre le plus fervent. En 1819, il pose comme *axiome fondamental des sciences positives que les faits sont la seule acquisition durable que l'esprit humain puisse faire*. (Éloge de Desmarest.)

En 1828, dès la première page du premier volume de son *Histoire des Poissons*, il déclare que l'*Histoire naturelle est une science de faits*.

L'année suivante, dans son *Mémoire sur un ver parasite d'un nouveau genre*, il écrit : *Nous faisons profession, et dès longtemps, de nous en tenir à l'exposé des faits positifs*.

En 1833, dans l'*Avertissement des nouvelles annales du Muséum*, il dit que *ses collègues ont résolu de composer exclusivement leurs collections de l'exposé des faits et des détails de leurs circonstances*.

C'est un tort de repousser la vérité, si elle est trop simplement, trop clairement exposée et si elle ne se présente pas sous la forme d'une rame de papier barbouillée de chiffres. En histoire naturelle, comme en politique et en industrie, il faut toujours couper au court et économiser le

temps. Si vous rencontrez un savant appartenant à l'autre
école, dites-lui : Vous niez le mouvement; je marche! —
vous niez l'immobilité des ailes, regardez-la. Vous voulez
que je vous *démontre* la réalité du vol à voile; je vais faire
bien mieux : je vais vous la *montrer*. Voici un épervier, un
milan, un busard. Il s'élève sans battements à la hauteur
des nuages : voilà le fait ; vous l'avez vu, admettez-le. Et
maintenant, raisonnons, si vous le voulez, sur la théorie.
Vous n'admettez pas la mienne qui vous paraît trop peu sa-
vante? Eh bien, donnez m'en une autre qui le soit davantage ; mais n'allez jamais jusqu'à récuser le témoignage de
vos propres yeux, parce qu'ils vous ont fait voir ce qu'on
n'enseigne pas sur les bancs de l'école.

CHAPITRE XII

DU VOL A VOILE

Le vol à voile a cet inconvénient qu'il ne peut avoir lieu sans vent. Il a cet avantage qu'empruntant au vent, quand il y en a, une force illimitée, il peut se passer de toute force artificielle. Dans le vol à voile, un homme peut manœuvrer un appareil pour dix tonnes aussi bien qu'un appareil pour son propre poids. Quiconque a vu voler, en temps de vent, les grands oiseaux de proie sait que, sans coup d'aile, ils se dirigent en tous sens, sauf quand ils veulent aller plein vent arrière ou plein vent debout. Ils doivent alors courir des bordées et décrire des cercles.

Ils peuvent, du reste, serrer le vent de très-près et courir presque vent arrière et presque vent debout. Comment font-ils? Rien n'est plus simple. Par le déplacement de leur centre de gravité, ils s'inclinent de manière à présenter au vent la surface inférieure de leurs ailes (fig. 39-40) : le vent tend aussitôt à les enlever à la manière d'un cerf-volant. Il est vrai que cette position inclinée augmente la tendance du vent à les emporter dans le sens où il souffle ; mais, une fois leur inclinaison acquise, ils combattent cette dernière tendance en rapportant leur centre de gravité du côté du vent.

S'ils exécutaient ce dernier mouvement sans observer les
règles de l'art, ils aboutiraient simplement à ramener leurs
ailes à la position horizontale. Ils perdraient ainsi le bénéfice du vent qui les frappe en-dessous tant qu'elles sont inclinées, et il ne leur resterait plus d'autre ressource que de
ramer. Ils se garantissent de cet inconvénient en donnant
à leurs ailes la forme d'une ligne plus ou moins bri-
sée (fig. 40).

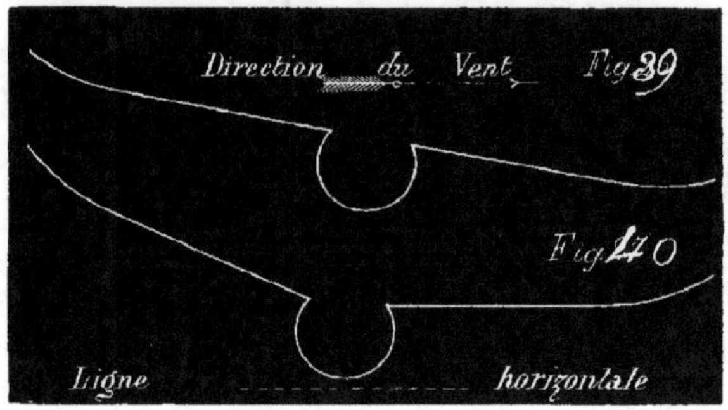

La position d'ailes représentée fig. 40 permet de rapporter
le centre de gravité du côté du vent sans rétablir le niveau
des ailes.

La position d'ailes représentée fig. 39 ne le permettrait pas.

Les oiseaux volant à la voile reçoivent du vent deux im-
pulsions : l'une de soulèvement, qui leur sert, l'autre d'entraînement, qui leur nuit ; mais il faut remarquer que le
mouvement ascensionnel est proportionnel à toute l'éten-

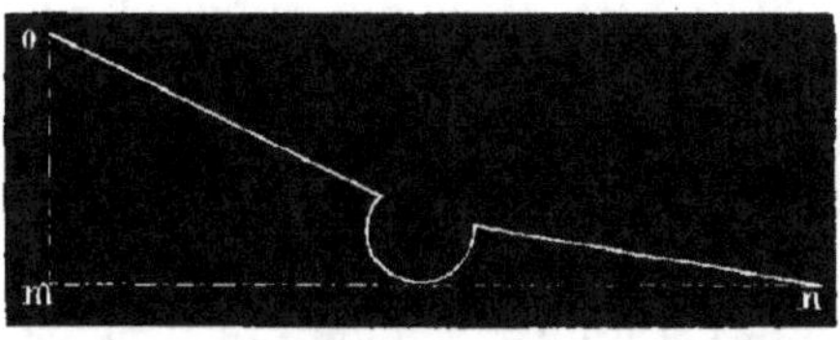

Fig. 41.

due de leur appareil, c'est-à-dire à la ligne horizontale $m\,n$
(fig. 41), tandis que le mouvement d'entraînement est

seulement proportionnel à la section de leur inclinaison ou à la ligne verticale *m o*.

Cette position inclinée et ce déplacement du centre de gravité ne sont point destructifs ou suspensifs des mouvements d'équilibre et de direction décrits plus haut ; ils s'y ajoutent seulement.

Comme le vol à voile a été jusqu'ici peu observé et pas du tout compris, je crains que ma démonstration ne soit pas saisie et je la reprends sous une autre forme.

Supposons que la figure 41 soit un cerf-volant, le vent soufflant de gauche à droite tendra, d'une part, à le soulever dans un sens presque vertical, d'autre part à l'emporter vers la droite.

L'entraînement vers la droite est prévenu par le point d'appui ou plutôt de traction que le cerf-volant prend sur la ficelle qui le tire vers la gauche, et les deux forces qui le sollicitent l'une vers la droite, l'autre vers la gauche, se faisant équilibre, le cerf-volant demeure soumis à la seule force de soulèvement.

Le voilier ne peut conserver, comme le cerf-volant, un point d'attache avec la terre.

La question est de savoir s'il y peut suppléer par d'autres moyens et se donner, sans battements d'ailes, un mouvement de translation de droite à gauche qui contre-balance cette partie de la force du vent qui l'emporte de gauche à droite.

Mais, pour être certain qu'il le peut, il suffit de se reporter au chapitre III, *de la Direction*, où l'on a vu comment l'oiseau transforme sa hauteur en mouvement de translation : il s'agit simplement d'un déplacement du centre de gravité. Cette loi du vol peut s'appliquer en temps de vent aussi bien qu'en temps de calme : l'inclinaison des ailes au vent, c'est-à-dire la ligne verticale *m o* (fig. 41), peut être diminuée autant qu'on le veut, de manière à produire une force de soulèvement très-grande et une force d'entraînement très-faible. Cela étant, une partie de la force

de soulèvement produite est employée à neutraliser la force
d'entrainement et le reste constitue la force de progression
de l'oiseau, ce qui revient à dire que le centre de gravité
doit se séparer du centre de surface ou de résistance et se
porter en un point de l'appareil qui soit rapproché à la fois
du point vers lequel l'oiseau veut aller et du point d'où
souffle le vent.

Prenons des chiffres qui ne sont point mathématiques,
mais qui rendront plus claire notre pensée. Supposons que,
lorsque l'oiseau se laisse glisser sans battements sur l'air
calme en transformant, par un effet de plan incliné, sa hauteur acquise en mouvement de translation, il dépense 1 mètre
de hauteur verticale pour obtenir 8 mètres de translation,
et disons donc : 1 mètre de hauteur égale 8 mètres de distance. Prenons un oiseau qui parcourt un kilomètre à la minute : il parcourra les 8 mètres en une demi-seconde
(nombre rond et fractions négligées). Maintenant lançons
cet oiseau dans un vent marchant aussi à raison de 1 kilomètre par minute, soit 8 mètres par demi-seconde et cou-
pant à angle droit la marche de l'oiseau. Supposons que ce
vent soulève l'oiseau de 2 mètres, pendant qu'il l'entraîne
de 8 mètres par demi-seconde. L'oiseau n'éprouve pas le besoin de s'élever ; il faut donc qu'il dépense, par chaque demi-
seconde, les deux mètres de hauteur qu'il acquiert. Qu'en
fera-t-il ? Il transformera 1 mètre de hauteur en 8 mètres de
marche contre le vent, pour neutraliser l'effort égal d'entrainement que le vent fait contre lui : il lui restera à dé-
penser 1 mètre de hauteur qu'il transformera également en
translation et avec lequel il produira 8 mètres de progression utile dans le sens où il veut aller. Ainsi, comme résultat
définitif, le vol à voile lui donnera, toutes pertes déduites,
une marche de 1 kilomètre à la minute.

Dans le vol à voile, l'oiseau ne fait aucun mouvement de
rame, petit ou grand, ostensible ou caché ; il n'y a qu'à regarder faire le voilier pour en être certain. L'opinion contraire a été constamment soutenue : mais il devient superflu

de la combattre. La meilleure réfutation d'une théorie erronée, c'est l'exposition d'une théorie vraie : j'ai la confiance que la mienne sera considérée comme telle. Et, d'ailleurs, il y a une question de fait qui doit se décider par l'œil et non par le calcul : regardez un oiseau dans l'exercice du vol à voile ; vous acquerrez la certitude qu'il ne rame pas et qu'il emprunte au vent toute la force qu'il dépense. Cela constaté, ne tenez aucun compte des raisonnements qui vous seront faits pour vous convaincre qu'il doit ramer.

Il n'y a qu'un seul point sur lequel une explication puisse être nécessaire. J'ai dit que l'oiseau pouvait faire du vol à voile dans tous les sens, sauf dans la ligne parfaitement directe du vent. Or, comme les voiliers volent très-fréquemment en décrivant des cercles réguliers, il se présente, à chaque évolution, un moment où ils se trouvent dans la ligne du vent marchants vent arrière, et un autre moment où ils s'y trouvent marchants vent debout. La marche contre le vent debout s'explique par l'emploi de l'impulsion acquise, vu que, dans le vol circulaire, cette marche ne dure qu'un instant. La marche dans le sens du vent ne s'explique pas de même. L'oiseau devrait certainement y laisser une partie de son élévation, s'il n'avait recours à un mouvement de rotation sur lui-même. Les ailes demeurant à peu près horizontales, il pivote sur son centre soit de droite à gauche, soit de gauche à droite, se donnant ainsi une sorte de mouvement d'hélice, à l'aide duquel il se tient sur le vent, quoique marchant un moment dans la même direction et avec la même vitesse que lui (fig. 42).

Quand l'oiseau a de la hauteur acquise et veut la transformer en vitesse, il peut le faire dans le sens du vent aussi bien que dans tout autre sens, et cela sans coup de rame; les explications ci-dessus sont pour le cas le plus ordinaire, celui où l'oiseau veut progresser sans perdre sa hauteur.

Ce serait le lieu d'indiquer avec quelle vitesse doit marcher le vent pour rendre possible le vol à voile. Il y a sûrement un minimum ; il y a probablement un maximum aussi. On assure que les ouragans marchent quelquefois avec une vitesse de 70 mètres par seconde, soit plus de 80 lieues à l'heure (voir le journal *les Mondes*, sept. 1865, p. 156). Dans de tels moments, je crois que le vol à voile devient ou difficile ou dangereux ; il m'a semblé qu'alors les oiseaux reprenaient de préférence le vol ramé, qui leur permet de prendre des ris et de raccourcir leur toile à l'aide des deux premières jointures de l'aile. Mais le minimum et le maximum, s'il existe, sont jusqu'ici complétement inconnus.

Fig. 12

On peut dire seulement que ce minimum est très-faible et qu'il ne manque presque jamais dans les hautes régions de l'air ; de là vient en partie la préférence que les aigles et les vautours accordent en particulier aux régions de montagne et aux pics élevés : là, le vent souffle presque sans interruption, et ils peuvent se mouvoir en tous sens, sans aucun effort. De là vient aussi la grande hauteur à laquelle ils se tiennent ordinairement sur les plaines, alors même qu'ils sont en chasse et qu'ils auraient intérêt à s'abaisser pour distinguer la proie en la voyant de plus près. Si nous possédions des moyens de vérification, nous trouverions presque toujours qu'ils se tiennent dans la région du vent et qu'ils ne la quittent que forcés et contraints par la nécessité de saisir une proie posée à terre.

On a fait contre la possibilité du vol à voile l'objection suivante.

Le vent ne court que relativement aux objets adhérents au sol ; il ne court pas relativement à lui-même, ni relativement aux objets détachés du sol et appuyés seulement sur lui, vent, puisque leur point d'appui étant mobile, ils deviennent mobiles comme lui et suivent son mouvement. Ainsi, l'impulsion acquise à un corps abandonné au vent et soutenu par lui s'amortirait aussitôt et se changerait en un mouvement identique à celui du vent. C'est là une erreur : l'oiseau volant prend sur le vent un appui vertical ; mais il évite ou combat sa force horizontale de translation. La vitesse acquise et la direction du moindre insecte volant sont absolues et relatives non au milieu sur lequel il court, mais au globe terrestre et même, jusqu'à un certain point, aux espèces planétaires, comme l'ont prouvé en 1851 les expériences de M. Foucaut sur le pendule. L'oiseau voilier renouvelle cette vitesse acquise, en transformant en hauteur la force qu'il emprunte au vent, et en transformant ensuite cette hauteur en mouvement de translation. Il n'y a rien là qui ressemble, de près ou de loin, au mouvement perpétuel, puisque la source première de ces transmissions ou métamorphoses de mouvement est la force du vent soufflant sur une surface inclinée qui ne cède point à la pression et ne se laisse pas aller au mouvement du fluide sur lequel elle se balance.

Je noterai un dernier fait, bien que je ne sois pas en mesure d'en donner une explication bien positive.

Le vol à voile n'acquiert sa puissance et sa facilité qu'à une certaine hauteur au-dessus du sol. Au ras de terre, en plaine, le voilier rame ordinairement, même en temps de vent ; cependant, sur le sommet des montagnes et des petits coteaux, il vole à voile sans difficulté, en rasant de très près la terre. Voilà le fait. Si on m'en demande la cause, je répondrai qu'elle ne m'est pas bien connue.

Je suppose que les courants fluides ont, comme les cou-

rants liquides, non-seulement leurs vagues, mais encore
leurs remous, qui doivent être d'autant plus marqués que
le voisinage d'un corps solide trouble de plus près la régularité de marche du fluide en mouvement. Le frottement de
la terre inégale et rugueuse doit produire, dans la masse de
l'air en mouvement, des perturbations qui se répercutent à
une assez grande hauteur. La couche inférieure de l'air est
troublée par des ondulations irrégulières analogues à ces
courants marins variables qui se font sentir sur les côtes et
qui ne se retrouvent plus dans la haute mer. L'oiseau, par-
venu à une certaine hauteur, arrive aux zones exemptes non
du mouvement général de translation qui constitue le vent,
mais des perturbations intérieures que cause le contact des
corps durs et immobiles.

Cependant, quelques indices autoriseraient à penser que
le vent est, en toute circonstance et à toutes les hauteurs,
sillonné de petites vagues aériennes, mais d'une très-faible
dimension.

Le vol à voile suppose dans l'air une stabilité suffisante
pour que les deux ailes rencontrent des points d'appui à
peu près égaux. Or, cela n'arrive, à ce qu'il semble, qu'aux
oiseaux qui ont au moins quarante centimètres d'envergure ;
au-dessous de cette longueur d'ailes, le vol à voile ne réussit
pas. Le martinet lui-même, ce roi du vol ramé, fatigue énormément lorsqu'il veut faire du vol à voile, et il n'en fait
guère sans éprouver des mouvements de roulis si violents
qu'on croirait qu'il va chavirer. L'hirondelle réussit encore
moins bien ; et, excepté ces deux oiseaux, on n'en verra
pas d'autre, du moins parmi ceux que je connais, faire du
vol à voile, s'il n'a pas quarante ou cinquante centimètres
d'envergure. Au-dessus de cette dimension, le vol à voile
prend de la stabilité. N'est-il pas permis d'en conclure que
le vent est peut-être sillonné de très-petites vagues transver-
sales ? De grandes ailes s'appuient à la fois sur plusieurs :
de petites n'en embrassent qu'une et sont par suite obligées
de suivre ses mouvements. C'est ainsi que nous avons vu le

tangage disparaître presque entièrement sur le vaisseau monstre appelé le *Great Estern*, assez long pour porter sur plusieurs lames à la fois, tandis qu'il se maintient sur les bâtiments qui sont trop courts pour atteindre la seconde lame avant que la première soit passée et qui doivent par conséquent laisser leur avant descendre dans l'intervalle.

Je donne ces explications comme purement conjecturales ; mais les faits qui s'y trouvent mêlés sont certains.

CHAPITRE XIII

OBSERVATIONS DIVERSES SUR LE VOL A VOILE ET LE VOL RAMÉ

Le vol ramé est le vol usuel et général pour tout ce qui parcourt les airs. Les insectes n'en connaissent pas d'autre ; il en est de même de tous les petits oiseaux et d'une grande partie des gros ; la tribu innombrable des canards, les gallinacées, les bécasses et nombre d'autres ne pratiquent jamais le vol à voile. Au contraire, il n'existe et ne peut exister aucun animal qui pratique le vol à voile seulement ; le vent lui manquant, il serait frappé d'immobilité et devrait nécessairement périr de mort violente ou d'inanition ; et, d'autre part, une fois à terre, il ne s'en relèverait pas. Le vol à voile suppose la possession d'une vitesse antérieurement acquise ; le voilier rame au départ, et une fois lancé, il ne rame plus [1].

Le vol ramé est le vol primitif ; et si jamais les découvertes de la géologie peuvent éclairer la question, on trou-

[1] Quelques observateurs prétendent avoir vu l'aigle *s'élever de terre comme un ballon, sans battement et seulement en étendant les ailes. (Congrès scientifique de France.* 17° session. p. 401.) En temps de vent. il n'y a pas là d'impossibilité mathématique ; il peut se faire que l'élan des jambes suffise pour donner à l'oiseau le degré de vitesse acquise sans lequel il n'y a pas de vol à voile ; n'ayant pas eu beaucoup d'occasions d'étudier les aigles, il ne m'appartient pas de trancher les questions qui les concernent. Je dois dire seulement que je n'ai vu aucun oiseau s'élever de terre de la sorte.

vera certainement que, dans l'ordre de la création, les rameurs ont dû précéder de beaucoup les voiliers[1].

Les grands oiseaux de proie et de mer pratiquent tous, ou presque tous, les deux vols ; mais ils les pratiquent avec un succès très-inégal. Les uns sont supérieurs aux autres comme rameurs ; les autres leur sont supérieurs comme voiliers.

L'art de la fauconnerie est aujourd'hui négligé en France ; mais il nous a laissé quelques observations dont nous pourrons faire notre profit. Le faucon est probablement, après la frégate et les grandes hirondelles, le plus beau type connu du rameur de proie. Si vous parvenez, ce qui n'arrive pas toujours, à lui faire attaquer le milan qui est un voilier accompli, l'état de l'atmosphère décidera du succès de la chasse. S'il n'y a pas de vent, le rameur atteindra certainement le voilier. Si le voilier trouve un vent favorable, il distancera le rameur et s'élèvera si haut que celui-ci se découragera et abandonnera la poursuite. (*V*. Huber de Genève, *Vol des oiseaux de proie*, p. 26, 27, 28.)

L'étude comparée des ailes destinées au vol à rame et des ailes destinées au vol à voile va donc nous indiquer la meilleure forme à adopter, suivant que nous voudrons un appareil spécialement adapté à l'un ou à l'autre.

Le rameur a l'aile aiguë et terminée en pointe. Chez le faucon, la plus longue penne est la seconde ; la première et la troisième sont un peu plus courtes que la seconde ; la quatrième s'arrête fort loin de l'extrémité de la troisième, et la cinquième fort loin de l'extrémité de la quatrième.

Le voilier a l'aile large du bout.

Chez le milan, la buse, le vautour, etc., la plus longue penne est la troisième ; la seconde et la quatrième lui sont peu inférieures en longueur. La première et la cinquième sont un peu plus courtes que la deuxième et la quatrième, de telle sorte que le bout de l'aile paraît arrondi et les cinq

---

[1] Sauf pourtant l'observation consignée à la page 70.

grandes pennes presque égales. Chez le condor et les grands vautours, la presque égalité existe entre sept grandes pennes au lieu de cinq. Dans le vol à voile, les oiseaux écartent leurs grandes pennes, de sorte que, fréquemment, on voit le jour, entre elles, à l'extrémité de l'aile.

Les grandes pennes du rameur sont, à égalité de grosseur, beaucoup plus fortes et plus résistantes que celles du voilier, et leur supériorité de force individuelle est encore fort augmentée par cette circonstance que, dans l'exercice du vol ramé, il les serre l'une contre l'autre et jusqu'à un certain point l'une sur l'autre, augmentant ainsi la fermeté de sa rame aux dépens de sa largeur.

Le voilier fait la même chose lorsqu'il veut ramer ; seulement il le fait moins bien, parce que son aile n'est pas disposée pour cela.

Lorsque le rameur veut faire du vol à voile, il imite de son côté les mouvements du voilier ; il déploie ses pennes et il élargit l'extrémité de son aile ; mais il ne peut pas l'amener aux proportions de celle du voilier, d'où il résulte qu'il lui reste inférieur dans le vol à voile.

Les différentes méthodes de vol ne sont pas tellement particulières aux différentes espèces, qu'un oiseau soit absolument incapable d'imiter, bien ou mal, un vol qui n'est pas le sien. Hubert dit que les oiseaux de basse volerie s'amusent, dans leur jeune âge, à jouer ensemble à l'oiseau de haut vol. Ils se poursuivent, en faisant les uns sur les autres ce que les fauconniers appelaient des carrières, des descentes, des passades et des ressources, mouvements ordinaires d'attaque des oiseaux de haut vol ; mais, c'est une partie qu'ils jouent entre eux en petit comité, et jamais en présence d'un faucon de leur âge qui leur apprendrait rudement les véritables principes du jeu. Quelques essais suffisent pour leur faire comprendre où est leur véritable force. Aussitôt qu'ils l'ont reconnue, ils renoncent à des exercices pour lesquels ils ne sont pas faits, et ils y renoncent pour toujours.

On voit, de temps en temps, de ces essais bizarres qui ne

doivent pas se renouveler. J'ai vu, *une fois*, un canard sau
vage planer, c'est-à-dire se tenir en l'air, immobile quant à
la place qu'il occupait au-dessus du globe terrestre et bat-
tant vivement des ailes, fait que je suppose extrêmement
rare, parce que c'est là un mouvement d'épervier et de cres-
cerelle, et que l'organisation du canard ne s'y prête pas ou
presque pas ; c'était sûrement un jeune qui s'essayait. J'ai
vu deux fois, à vingt ans de distance, la pie grimper après
un tronc d'arbre sans branches, en s'appuyant sur la queue
comme un pivert. Il est probable que c'était de jeunes pies
qui faisaient des expériences : elles auront constaté que cet
exercice fatiguait leurs jambes et brisait leurs pennes, et
elles y auront renoncé.

Les jeunes oiseaux font ces tentatives par suite de la même
disposition d'esprit qui porte les enfants à singer les animaux et à marcher à quatre pattes.

Dans le vol à voile, les grandes pennes étant écartées l'une
de l'autre et exposées séparément à la plus grande action du
vent, elles plient du bout et l'extrémité se relève (fig. 43).

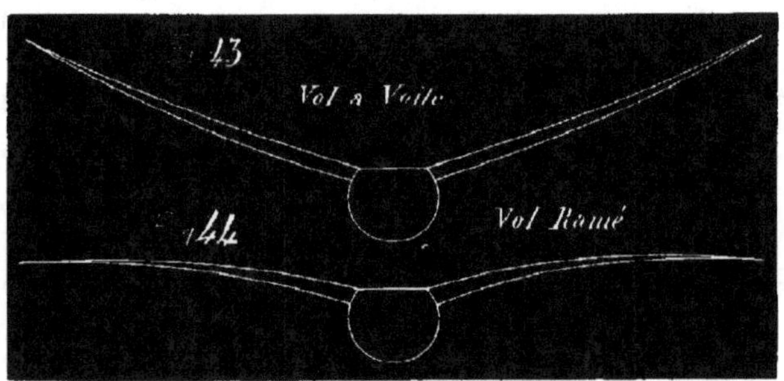

Dans le vol ramé, les grandes pennes étant serrées de manière à s'appuyer l'une sur l'autre, l'extrémité de la rame,
au lieu de se relever, s'abaisse ordinairement, de sorte que
l'ensemble de l'aile, au moment où elle frappe, présente
une forme concave en dessous (fig. 44).

Ces observations pourront paraître minutieuses aux naturalistes ; mais ceux qui voudront construire des appareils volants devront en tenir grand compte.

C'est seulement en ce qui concerne l'extrémité de l'aile que le voilier possède sur le rameur une supériorité de largeur. La proportion entre la largeur moyenne et la longueur moyenne de l'aile dépend plutôt de la grosseur de l'oiseau que de sa destination.

Chez les petits oiseaux et même quelques autres déjà assez gros, comme la perdrix, le plongeon et le canard, la longueur de l'aile n'atteint pas au double de sa largeur.

Chez le condor, elle atteint à trois largeurs et demie. chez le fou de Bassan, elle atteint à quatre et demie ; chez l'albatros et chez la frégate, que je n'ai pas trouvé l'occasion de mesurer, je présume qu'elle irait encore plus haut. Quelques oiseaux assez petits, tels que le martinet et les hirondelles de mer, possèdent des ailes d'une longueur extraordinaire (elles s'élèvent de 4 à 6 fois leur largeur) ; mais, en général, les ailes des grands oiseaux ont une forme plus allongée que les ailes des petits.

On ne s'en étonnera pas si l'on réfléchit que dans un grossissement où les proportions seraient conservées, tel que, par exemple, celui d'un petit oiseau regardé au microscope, l'étendue des ailes croîtrait en proportion carrée et le poids du corps en proportion cubique.

Les ailes des oiseaux, quelles que soient leur destination, leur force et leur forme, ont toutes le même nombre de jointures. La seconde jointure, celle qui représente le coude, est destinée à faciliter non le déploiement, mais le ploiement de l'aile ; quand l'oiseau ne veut plus voler, il serait emporté par le vent, s'il ne pouvait carguer ses voiles. L'aile se démonte en trois morceaux et vient s'appliquer au corps ; il y a là une question d'arrimage : c'est un instrument articulé que l'on plie pour pouvoir le mettre dans son étui. Cette seconde jointure devrait être probablement supprimée dans un appareil destiné à l'homme, et l'aile marcherait avec deux jointures seulement.

S'il s'agissait du vol à voile, on ne conserverait pas d'autre jointure que celle de l'épaule. Les oiseaux, quelle que soit leur espèce, tiennent les deux ailes absolument rigides, lorsqu'ils font du vol à voile.

Une autre preuve que les jointures des ailes ne sont pas toutes nécessaires au vol, c'est que les insectes ne possèdent que celles de l'épaule, ce qui ne les empêche pas de voler avec une certaine puissance, puisqu'on voit des papillons se poser sur des navires en pleine mer ou voler sur la neige au sommet du mont Blanc.

Terminons ce chapitre par quelques observations sur le rôle que la queue, le col et les pattes jouent dans le vol de certains oiseaux. Quelques-uns semblent trouver que leur centre de gravité est placé trop en arrière sur leur appareil de vol ; ils font de leur mieux pour le ramener en avant. Les cygnes, par exemple, les canards, les sarcelles et toute cette tribu, portent, dans le vol, le poids de la tête et du col aussi en avant que possible.

Les cigognes font l'inverse : non-seulement elles replient leur col et laissent leur tête reposer sur leurs épaules : mais encore, leur centre de gravité leur paraissant probablement trop porté en avant, elles le repoussent vers l'arrière en étendant de ce côté leurs longues pattes.

Les hérons, dans le vol habituel, se trouvent convenablement équilibrés et replient leur col sur leurs épaules ; mais, lorsqu'ils veulent obtenir de leurs ailes leur maximum de rapidité, lorsque, par exemple, un oiseau de proie les menace, au moment où ils prennent chasse devant lui, ils étendent dans toute sa longueur leur énorme col en avant et le maintiennent dans cette position tout le temps qu'ils sont poursuivis.

La queue, dans le vol à voile circulaire, est constamment élargie dans toute son étendue.

Dans le vol ramé, elle est constamment pliée, sauf dans les moments de départ ou d'arrivée et dans les mouvements tournants.

CHAPITRE XIV

COMMENT L'OISEAU PREND SON ESSOR

L'oiseau peut partir de terre, ou bien d'un lieu élevé, tel qu'un rocher, un arbre.

Nous supposons le départ opéré en air calme. S'il part de terre, il se trouve probablement dans une des circonstances exceptionnelles mentionnées à la page 18, où il doit frapper de sa rame en arrière. Je dis *probablement*, parce que l'observation la plus attentive ne m'a pas donné de certitude là-dessus. Les mouvements de l'aile, au départ, sont tellement rapides et tellement tourmentés qu'il faudrait, pour s'en rendre compte, les observer longtemps et de près, sur de grands oiseaux. Mais qui est-ce qui a la bonne fortune de voir habituellement s'élever de terre, près de lui, des hérons, des aigles et des pélicans?

Il demeure néanmoins probable qu'au départ, le plan de l'aile, tout en demeurant *à peu près* horizontal pour soutenir le poids du corps, a néanmoins une certaine tendance à faire face vers l'arrière pour le chasser en avant.

Au départ de terre, la vitesse est nulle; l'oiseau ne peut donc pas, comme dans le vol ordinaire, se servir, pendant que la rame remonte, de ses petites pennes pour les présenter en manière de cerf-volant à l'air qui court sous lui, ou plutôt à l'air sur lequel il court, puisque cette course n'a pas encore commencé. Il gagne de la hauteur à chaque des-

cente de sa rame et en perd à chaque remontée; le soubresaut du corps, au départ, est très-visible chez les gros oiseaux. Une telle manière de voler est tellement désavanta-
geuse que le gros oiseau ne la soutiendrait pas pendant une
demi-minute de suite : aussi s'efforce-t-il d'y mettre fin en
quelques secondes. D'abord, il précipite, autant qu'il peut,
son coup de rame, afin d'abréger la durée des intervalles pendant lesquels il perd sa hauteur : ensuite, pour suppléer à
l'impuissance de ses petites pennes, qui ne prennent pas
encore le vent et qui, par conséquent, laissent agir sur l'articulation de l'humérus, la force de tension résultant du
poids de la partie postérieure du corps, il étend, autant qu'il
le peut, la queue. Aussitôt que la plus légère vitesse a été
acquise, la vaste surface de la queue commence à agir sur
l'air et à soulever l'arrière de l'oiseau.

Elle agit avec une force de levier, dans le sens de l'élévation. Le poids de l'arrière qui agit avec une force de levier
dans le sens de l'abaissement, et, par suite, avec une force
de torsion exercée sur l'humérus, se trouve combattu par
une force de levier contraire et bien supérieure, puisque
la longueur du levier abaissant s'arrête à l'extrémité du
croupion, tandis que celle du levier élévateur s'étend jusqu'à l'extrémité des pennes. L'humérus cesse ainsi d'être
tordu.

Par la même raison, l'air, frappant le dessous des pennes
de la queue avec une vitesse de $0^m,50$ à la seconde, produit sur l'abdomen une force de soulèvement supérieure
à celle produite par l'air frappant avec une vitesse de 5 mètres le dessous des petites pennes des ailes, puisque ces
petites pennes sont au centre du poids total de l'oiseau,
tandis que les pennes de la queue sont, non-seulement à
l'extrémité, mais encore en prolongement de cette extrémité. Voilà pourquoi l'oiseau s'élevant de terre élargit à
outrance les pennes de sa queue. Au moment où la moindre
vitesse a été acquise, ces pennes prennent le vent et commencent à soulever l'arrière, en attendant qu'une plus

grande vitesse acquise ré-
tablisse l'action des petites
pennes des ailes.

L'oiseau a donc grande
hâte d'acquérir sa vitesse,
et il n'épargne pour cela
aucune fatigue, aucun ef-
fort, sachant que ce sera
l'affaire d'un moment.
Ainsi, il change brusque-
ment de direction afin de
trouver en l'air un point
d'appui plus résistant.

Ce mouvement est par-
ticulièrement facile à observer chez la bécassine,
dont les crochets au dé-
part ont été remarqués
de tous. Les chasseurs
croient qu'elle le fait pour
échapper aux coups de fu-
sil; mais il n'en est rien,
puisqu'elle se gouverne
de même en se levant de-
vant un chien ou devant
un bœuf. Elle n'a d'autre
but que d'accélérer son
vol. En changeant (fig. 45)
de direction de telle sorte
que la direction nouvelle
fasse avec l'ancienne un
angle plus ou moins ob-
tus, elle présente à l'air,
non plus la tranche cou-
pante de son aile, mais
une partie de sa surface

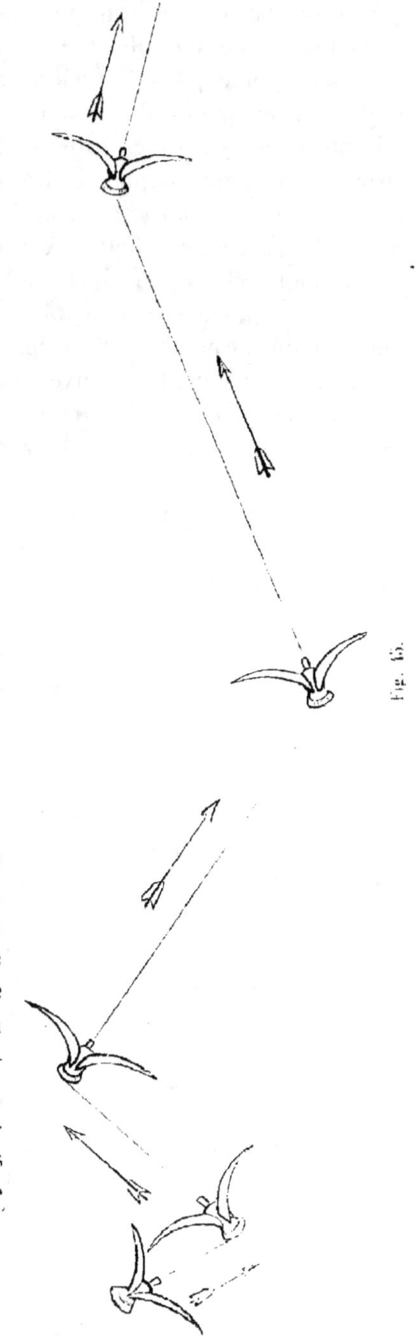

inférieure. La première impulsion persiste quelque temps après que le plan des ailes a cessé de lui être parallèle ; l'appareil se trouve poussé quelque peu en travers dans l'air qu'il perce et, par suite, il agit sur lui avec un effort plus puissant jusqu'à ce que l'impulsion nouvelle soit redevenue parallèle au nouveau plan des ailes. Alors l'oiseau fait un nouveau crochet pour obtenir de l'air une nouvelle augmentation de résistance. Cette explication n'est peut-être pas parfaitement claire, et il ne me semble pas facile de l'éclaircir davantage sur le papier ; mais quiconque voudra bien prendre la peine de faire lever une bécassine, la comprendra à l'instant. La preuve évidente que les crochets de la bécassine n'ont pas d'autre but que d'acquérir de la vitesse, c'est que dès qu'elle l'a acquise, elle n'en fait plus ou du moins presque plus. Ces crochets lui sont communs, du reste, avec la plupart des autres oiseaux, qui les font moins prononcés et moins faciles à observer ; mais le mécanisme demeure parfaitement identique et, chez toutes les espèces, chacun de ces crochets est immédiatement suivi d'un accroissement de vitesse.

Revenons une dernière fois à la jointure de l'humérus. Les considérations précédentes fournissent la solution d'un problème qui m'a longtemps préoccupé : c'est la forme si singulièrement ramassée du corps de l'oiseau, ou du moins de la partie pesante ; je ne parle donc pas de la forme générale de l'oiseau en plume : elle paraît assez allongée, à cause des deux prolongements de la tête et de la queue ; je parle de l'oiseau plumé et en faisant abstraction de la tête et du cou, qui entrent pour bien peu dans la *partie pesante*.

Pour tous les corps qui doivent éprouver un mouvement de translation rapide, soit à travers un liquide, soit à travers un fluide, il semble que la forme allongée soit de rigueur, puisqu'elle domine la résistance du milieu à traverser. Nous voyons, soit dans les ouvrages de la nature, soit dans ceux de la main de l'homme, une perpétuelle application de ce principe : c'est en conformité avec lui qu'ont été construits les clippers et fabriqués les projectiles coniques. Les sauvages qui n'ont guère étudié les lois de la balistique les pratiquent, sans le savoir, quand ils confectionnent leurs flèches. Le Créateur ne les a point oubliées, lorsqu'il a créé les poissons ; ceux qui devaient fournir des courses longues et rapides ont été taillés en flèches : les saumons, les requins, et autres poissons allongés et cylindriques dépassent en vitesse, et surtout en durée de vitesse, les turbots, les raies, les plies et autres poissons classés, à cause de leur forme, sous le nom générique de poissons plats. Ces poissons plats déplacent un plus grand volume d'eau et n'agissent pas, comme les autres, avec toute leur masse, sur un point fort circonscrit qu'ils auraient à percer ; de là leur infériorité de vitesse que je n'ai jamais observée, mais que je n'hésite pas à affirmer, et l'examen ne me démentira pas.

On aurait pu croire que les oiseaux, les plus rapides de tous les animaux, devaient être aussi les plus allongés, et l'expérience nous montre qu'ils sont au contraire les plus trapus. Si l'on excepte certains animaux à sang froid, je crois que la partie pesante d'un oiseau, c'est-à-dire son corps, abstraction faite de la tête et des plumes, est le plus massif, le plus ramassé, le plus sphérique, et, par conséquent, le moins pénétrant des corps vivants. Quelques oiseaux exceptionnels, comme par exemple : les poules d'eau et les rales, ont le corps plus allongé que les autres oiseaux et, précisément, ce sont les plus mauvais voleurs. Il y avait là une anomalie apparente dont il fallait avoir l'explication. La voici :

Nous venons de voir que le poids du corps portait principalement sur la jointure de l'humérus avec l'épaule, et que la partie postérieure du corps exerçait sur cette jointure une force de torsion déjà très-redoutable. Cette force est une force de levier ; l'allongement du corps l'aurait augmentée dans d'énormes proportions ; la force de résistance de l'aile n'y aurait pas suffi. Nous en trouvons la preuve chez les râles et poules d'eau que nous venons de citer comme oiseaux allongés ; la jointure de leur humérus ne peut pas maintenir l'horizontalité du corps et en laisse prendre la partie postérieure très-au-dessous de la ligne de vol. Voilà pourquoi les oiseaux ont tous, presque sans exception, une forme qui n'est pas celle de la sphère, mais qui s'en rapproche un peu.

Il n'est pas douteux que, même avec la forme qui leur a été donnée, le maintien de l'horizontalité de leur corps ne soit pour eux une grande cause de fatigue ; les points d'appuis directs pris par le corps sur l'arrière des ailes, qui consistent, chez quelques espèces seulement, en plumes partant des reins et s'étendant sur les petites pennes, ces points d'appui semblent devoir produire une force de résistance suffisante pour diminuer la charge de la jointure, mais non suffisante pour l'annihiler. En cherchant, sans grand succès, à deviner par quels moyens subsidiaires l'oiseau pouvait paralyser la force de torsion exercée par son arrière sur sa jointure humérale, j'ai souvent pensé que les plumes assez puissantes qui, partant du dos, appuient sur les petites pennes et les relient au corps, exerçaient sur ces petites pennes une pression assez énergique pour les souder peut-être au dos de l'oiseau au moyen du vide. Le vide soude les deux moitiés du globe de Magdebourg : il doit souder plus facilement deux corps souples et huileux, comme les plumes du dos et les plumes des ailes.

Je donne ceci comme une hypothèse qui ne me satisfait guère et contre laquelle il y a beaucoup plus à dire que pour : Et cependant, il semble qu'il y ait un gros fait à l'appui, c'est celui du poisson volant qui se soutient en l'air, disent les voyageurs, tant que ses ailes sont mouillées, et retombe aussitôt que l'air les a séchées. Comme ces ailes sont composées de peau et de cartilage, la dessication ne doit avoir aucun effet sur le corps même de l'aile, mais elle peut détruire l'adhérence de l'aile à la partie latérale et dorsale du corps. Cette adhérence détruite, l'arrière du corps s'abaisse et se sépare de la partie postérieure de l'aile : dès lors, le poids du corps opère une torsion sur l'humérus qui fait retomber le poisson. Au surplus je ne l'ai jamais vu voler.

En examinant l'oiseau mort, on est toujours entraîné à penser que, du moins dans la plupart des espèces, l'extrémité des petites pennes les plus rapprochées du corps peut s'engager sous la naissance de la queue et y prendre un point d'appui fixe et solide. Mais l'étude de l'oiseau volant ne confirme pas cette donnée qui paraît si simple. Il est certain que, dans le vol ramé et chez tous les oiseaux, les dernières pennes de l'aile sont placées au-dessus du croupion de l'oiseau, où elles prennent une adhérence que rien n'interrompt tant que dure le vol régulier. (Je parle des gros oiseaux et fait toujours abstraction des petits.) *Il m'a semblé* qu'il en était de même dans le vol à voile.

Dans le vol ramé, l'adhérence des petites pennes au corps cesse dans les mouvements où il faut amortir rapidement la vitesse acquise du corps, par exemple quand l'oiseau va se poser ou veut changer sa direction. On voit alors distinctement les ailes se détacher du corps. La vitesse acquise entraîne le corps, qui est une masse, plus loin et plus vite que les ailes, qui sont une surface.

La difficulté du départ de l'oiseau est en raison inverse de la force de projection de ses pattes et en raison directe du poids de son corps et de la longueur de ses ailes. Les longues ailes, qui font la puissance du vol commencé, font la difficulté, la fatigue et le danger du vol commençant. S'il se rencontre près de terre des branches ou des obstacles, elles y brisent leurs pennes; d'autre part, leur longueur, tout en rendant le coup plus fort, le rend moins rapide, de sorte qu'au départ une aile longue laisse, entre ses coups, des intervalles plus considérables qu'une aile courte; pendant ces intervalles, l'oiseau perd sa hauteur et la chute commence proportionnellement au carré du temps de sa durée. Voilà, entre autres raisons, pourquoi nous voyons des ailes si raccourcies. Les gallinacées, nous le disions plus haut, ont des ailes tellement courtes que leur vol en est affaibli. Mais, comme ces oiseaux doivent vivre à terre, courir et s'enlever souvent à travers des branches et des obstacles, ils doivent avoir un appareil raccourci qui s'accroche peu aux branches et qui donne des coups très-répétés. L'embarras d'une grande envergure pour s'élever est tel que le martinet, le roi du vol dans notre pays, peut à peine repartir quand il est à terre. Il ne faut pourtant pas croire qu'il ne le puisse pas du tout, comme quelques-uns le prétendent ; mais l'embarras lui paraît tel que, s'il vient à se trouver à terre, il restera quelquefois tout près de vous pendant plusieurs minutes à réfléchir, avant d'essayer de s'en aller. Aussi le martinet ne se trouve jamais à terre que par accident et ne se pose volontairement que sur un lieu élevé, d'où il puisse repartir en se précipitant.

Le condor, l'un des mieux envergués de tous les oiseaux, au dire des naturalistes, s'enlève si difficilement qu'on le prend en l'attirant, à l'aide d'une amorce, dans un enclos de haies très-peu élevées, enclos du reste tout ouvert par le haut ; dès que le condor a mangé, il ne peut plus franchir la haie et se laisse prendre. Ainsi, le plus petit et le plus gros des oiseaux à longues ailes périssent quelquefois par suite de cette longueur, ce qui justifie la Providence d'avoir donné un appareil raccourci à ceux qui n'avaient pas absolument besoin d'un appareil allongé.

La force de projection des pattes entre pour beaucoup dans les ressources de l'oiseau qui prend son essor. Le martinet n'a pour ainsi dire point de pattes. Les gallinacées en ont de très-puissantes. (Voyez dans Audubon ce qu'en font les dindonneaux sauvages.) Il y a des oiseaux de proie qui bondissent. J'ai vu le buzard-montaigu s'élancer à plus de 70 centimètres de haut avec une aile cassée : il est vrai que les pattes du buzard sont les plus longues que possèdent les oiseaux de proie, du moins dans nos pays.

A la rigueur, cependant, des oiseaux peuvent s'élever sans aucun effort des pattes. J'en citerai un exemple assez curieux dont j'ai été témoin. Un pigeon fuyard se promenait

sur une eau à moitié gelée, il voulait boire et s'approchait
du bord de la glace où elle était nécessairement plus faible.
Il en approcha si bien que la glace se rompit sous ses pieds.
L'appui lui manquait certainement d'une manière absolue ;
il s'enleva néanmoins et son ventre ne toucha point l'eau,
ce qui montre aussi avec quelle rapidité l'appareil du vol
entre en exercice ; il est probable qu'un gros oiseau n'aurait
pas pu en faire autant.

L'oiseau qui part de terre en temps de vent ne manque
jamais de se lancer la tête droit dans le vent ; il donne quelques coups d'aile et s'élève à une très-faible hauteur ; puis
il présente le flanc au vent en sacrifiant souvent une partie
de la hauteur qu'il vient d'acquérir. En procédant de la
sorte, il acquiert rapidement et facilement sa vitesse, parce
que, même avant de l'avoir acquise par rapport à la terre, il
la possède par rapport à l'air, en ce sens que, dès le départ,
le vent court sous ses petites pennes et leur donne un point
d'appui, ce qui lui permet de relever les grandes, sans perdre, dans l'intervalle des coups, la hauteur qu'il acquiert en
les abattant.

L'oiseau qui part en temps de vent, soit de terre, soit de
haut, frappe l'air verticalement comme dans le vol ordinaire et n'incline jamais la face inférieure de ses ailes vers
l'arrière.

Il arrive souvent que l'oiseau prend son essor en air calme
d'un lieu élevé. Il ne manque guère au départ de se laisser
descendre, lors même que son intention finale serait de s'é-
lever ; en se laissant descendre comme sur un plan incliné,
il acquiert très-rapidement une vitesse suffisante pour que
ses petites pennes prennent le vent. Se trouvant alors en
plein vol et en mesure de déployer toutes ses ressources, il
a promptement regagné la hauteur qu'il avait d'abord trans-
formée en vitesse ; il est certain que, si deux oiseaux égaux
partaient en même temps d'un lieu élevé pour arriver à un
autre plus élevé, et s'ils prenaient leur premier essor l'un
en haut, l'autre en bas, celui-ci arriverait avant le premier.

En temps de vent, l'essor d'un lieu élevé se fait, comme l'essor de terre, en piquant dans le vent, puis en lui présentant le travers. Ces deux essors ne diffèrent qu'en ce que le premier se dispense ordinairement de prendre, avant tout, quelque peu de hauteur. Comme il en a assez, il se lance dans le vent et tourne aussitôt.

Il y a des oiseaux qui, avant de prendre le vol, acquièrent de la vitesse en courant, les ailes étendues. Tout le monde a vu les oies domestiques s'élever de la sorte, passant de la marche au vol non pas subitement, mais graduellement et petit à petit. D'autres oiseaux en font autant. Les poules d'eau et quelques pétrels volent en rasant l'eau et en appuyant sur elles leurs larges pattes palmées. C'est probablement là ce qui donne aux poules d'eau l'habitude de laisser pendre leurs pattes dans le vol ordinaire, habitude éminemment disgracieuse et qui, lorsque les pattes ne touchent pas l'eau, ne peut que ralentir leur vol, en augmentant la résistance de l'air.

Rien de tout ceci ne s'applique aux petits oiseaux ; ils prennent leur essor sans tant de façon et commencent souvent leur vol dans une direction ascensionnelle. On verra souvent les moineaux posés dans une cour partir de terre et s'élever jusqu'au toit en ligne presque verticale. Les hirondelles de cheminée doivent aussi s'élever presque verticalement pour sortir de leurs nids, mais je n'ai pas observé cette sortie.

Aucun gros oiseau n'en pourrait faire autant ; or, c'est d'eux seulement qu'il s'agit.

Je crois que tous les oiseaux nageurs s'élèvent de la surface de l'eau sans la toucher avec leurs ailes : il n'en est pas de même des oiseaux non nageurs. Quand les pigeons se baignent, il leur arrive assez souvent de se mettre à la nage par manière de jeu ; ils enfoncent immédiatement aux trois quarts et, comme ils se sentent couler, ils se renlèvent aussitôt. Ils ne peuvent pas songer à le faire sans frapper l'eau avec leurs ailes, parce que tout leur arrière est noyé et

que, sans ce coup d'ailes, ils ne pourraient jamais se ren-
flouer : ils donnent donc le premier coup en l'appuyant sur
la surface de l'eau. Ce point d'appui très-résistant leur
permet de faire d'un seul coup sortir de l'eau leur corps
entier ; le second coup se donne en l'air, comme il arriverait en toute autre circonstance.

J'ai vu plonger d'autres oiseaux non nageurs, tels que
le martin-pêcheur bien souvent et plus rarement le balbu-
zard ; mais je n'ai pas pu distinguer comment ils se renlèvent.

CHAPITRE XV

COMMENT L'OISEAU SE POSE

Si l'oiseau conservait la vitesse ordinaire de son vol en arrivant à terre, il se briserait probablement dès la première fois. Et s'il la conservait en arrivant sur une branche, il dépasserait la branche malgré lui ; la vitesse acquise l'emporterait au delà, et ses pieds tenteraient en vain de le retenir.

Il y a pourtant exception pour les petits oiseaux carnassiers, hobereaux, éperviers, etc., qui fondent sur leur proie, posée à terre, sans ralentir sensiblement leur descente.

Ils se posent aussi sur une branche sans presque diminuer leur vitesse. Ils arrivent de plein vol, et leurs serres étreignent la branche avec tant de force que leur impulsion est amortie et leur élan subitement arrêté.

Mais les oiseaux de proie possèdent des serres d'une incomparable puissance, et ils sont habitués aux chocs et aux secousses de toute nature ; c'est une des nécessités de leur profession. Les autres ne supporteraient pas un pareil régime ; comme les bateaux à vapeur, ils doivent ralentir leur vitesse en approchant du but et la détruire entièrement au moment d'attérir.

Ils y parviennent par divers moyens :

1° Ils font agir leur aile à l'inverse du mouvement d'avant en arrière que nos devanciers lui prêtaient : ils la font agir d'arrière en avant. Quittant la position horizontale qui leur est nécessaire dans le vol, ils laissent descendre la partie postérieure de leur corps : ils élargissent la queue et frappent des ailes en avant. (fig. 46.) L'oiseau qui fait du

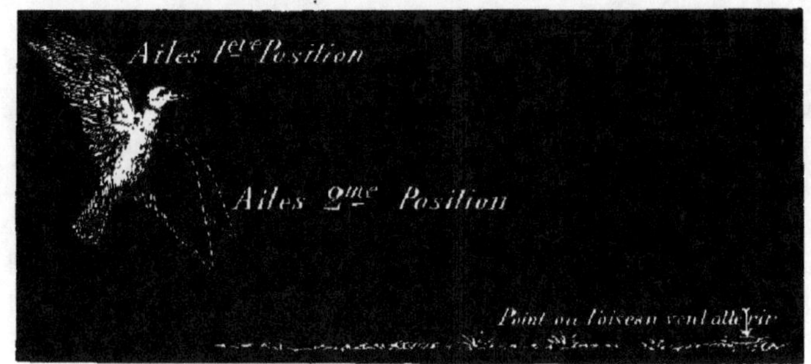

Fig. 46.

vol à voile le quitte ordinairement avant de se poser, parce que ce vol ne se prête pas toujours au mouvement qui vient d'être décrit.

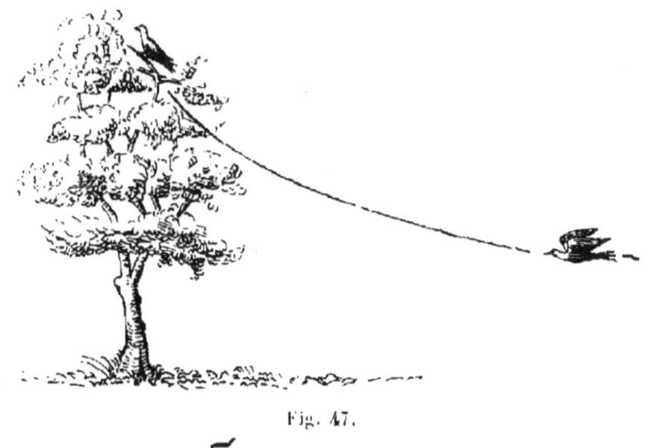

Fig. 47.

2° S'ils veulent s'arrêter sur une branche, ils volent horizontalement suivant une ligne inférieure au niveau de la branche, puis ils se relèvent sans battement au moment d'arriver : il s'opère une transformation de vitesse en hauteur et toute leur impulsion étant absorbée, ils tombent mollement sur la branche, débarrassés de toute vitesse, soit verticale, soit horizontale. (fig. 47.)

3° En temps de vent, l'oiseau se pose *toujours* la tête au vent : ayant donc dû marcher contre le vent au moins quelques instants, il a pu laisser au vent le soin de détruire sa vitesse.

4° L'oiseau d'eau exécute ces mouvements comme un autre lorsqu'il prend terre ou lorsqu'il se perche ; mais il n'en prend pas la peine lorsqu'il se pose sur l'eau. Comme il n'y a là aucun choc à redouter, il s'y laisse tomber au hasard, et le bruit énorme que font les canards sauvages quand ils s'abattent sur un étang, témoigne assez du peu de soin qu'ils ont mis à amortir leur chute.

CHAPITRE XVI

COMMENT L'OISEAU CARNASSIER ENLÈVE SA PROIE

Il n'est question ici que des proies relativement pesantes ;
il est clair que si l'oiseau de proie prend un moineau ou une
souris, il n'aura aucune difficulté à se poser dessus et à se
relever ensuite. D'ailleurs, le peu de saillie que ces petites
proies présentent au dessus du sol, ne permet guère d'employer les manœuvres savantes au moyen desquelles les
oiseaux rasent le sol et enlèvent leur proie au vol, sans s'arrêter et presque sans se ralentir.

On a vu à l'avant dernier chapitre (p. 99), que l'oiseau
à longues ailes, et en particulier le gros oiseau de proie,
doit fournir un violent effort pour s'enlever d'un terrain plat,
lors même qu'il n'est chargé que de sa propre personne. Cet
effort est tel qu'il préfère habituellement parcourir plusieurs
myriamètres au vol et se tenir sur ses ailes pendant un
quart d'heure et plus. Mais c'est bien autre chose, lorsqu'il
doit joindre à son poids celui d'un autre animal.

Lorsque cet autre animal et son porteur ont pu acquérir
une certaine vitesse, le mécanisme du vol ramé se produit
(le jeu des petites pennes) et la continuation du vol cesse
d'être pénible. Mais, en attendant que cette vitesse soit acquise, il faut mettre en mouvement deux masses également
inertes ; c'est cette fatigue que l'oiseau de proie cherche à
éviter.

Pour y parvenir, il rase le sol, arrive sur sa proie de toute sa vitesse, la saisit en passant et se relève sans s'être posé. Voici ce qui se produit.

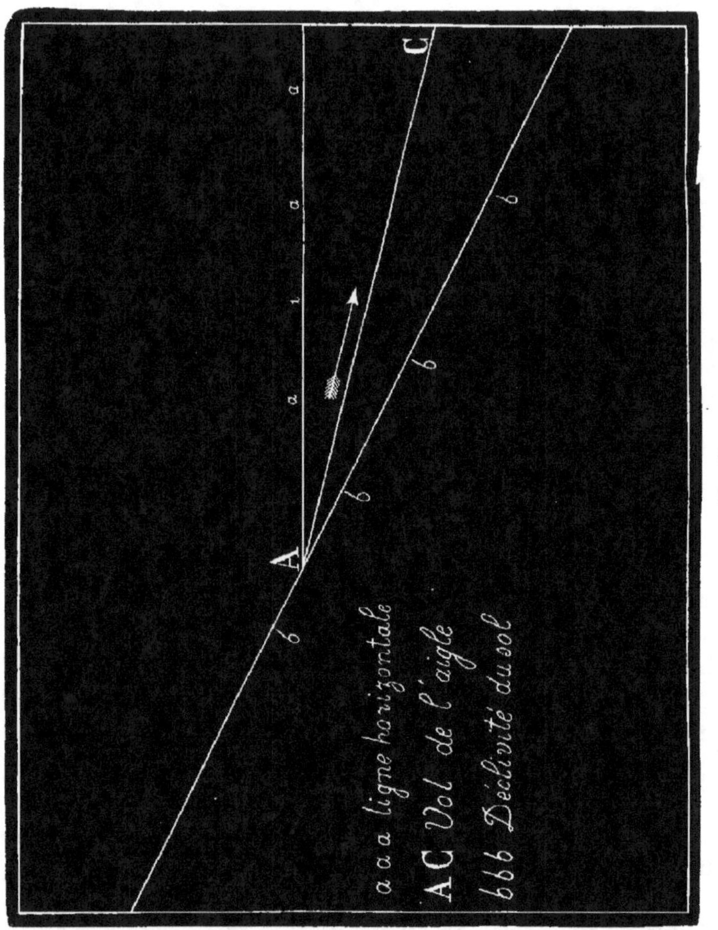

Si l'oiseau de proie pèse 1 kilogramme et sa proie 250 grammes, et si l'oiseau en arrivant sur elle est animé

d'une vitesse de cinquante mètres à la seconde, les deux
corps n'en formant plus qu'un quant à la pesanteur et les
deux masses étant réunies en une, la masse de l'oiseau se
trouve augmentée d'un quart ; sa vitesse se trouvera réduite
proportionnellement, mais encore plus que suffisante pour
maintenir le jeu des petites pennes et pratiquer le vol ramé.
L'oiseau évitera donc la fatigue de prendre son essor, puisqu'il ne se sera pas posé.

Mais les oiseaux de proie ont bien d'autres rubriques qu'ils
pratiquent quand les circonstances le permettent.

Si la proie est sur une déclivité rapide, l'oiseau arrive
d'en haut et, dès qu'il l'a saisie, il se jette avec elle dans la
vallée. Tout en suivant un niveau descendant par rapport
à l'horizon il élève sa proie au-dessus du sol, si la pente du
sol se trouve plus inclinée que celle du vol de l'oiseau
(fig. 48). Il suit de là que, dans la montagne, l'oiseau
enlève des proies beaucoup plus pesantes qu'en plaine. Il
est inutile de dire qu'en temps de vent, il enlève des proies
plus pesantes qu'en air calme, puisqu'il peut alors pratiquer
le vol à voile qui est beaucoup moins fatigant que le vol
ramé. Mais il est nécessaire de décrire un effet de vol en
montagne et en temps de vent qui, peut-être, explique et
justifie, comme événements exceptionnels et dans certaines
limites, les enlèvements de grosses proies qu'on attribue à
l'aigle et dont j'ai nié la possibilité, comme événement habituel.

Lorsque le vent court sur une plaine, il suit une ligne parallèle à la plaine, c'est-à-dire horizontale. Lorsqu'il court
à l'encontre d'une montagne, il suit une ligne parallèle à la
pente de la montagne, c'est-à-dire plus ou moins ascendante.

Lors donc que l'aigle enlève une proie sur le penchant
d'une vallée parcourue par un vent venant de la plaine, s'il
se jette avec elle dans la vallée, il y trouve un courant d'air
ascendant qui le transporte, lui et sa proie, sur les sommets.

L'aigle est porté en haut, bien qu'il descende dans le

vent, ce qui lui permet de voler sans fatigue avec une grande charge (fig. 49).

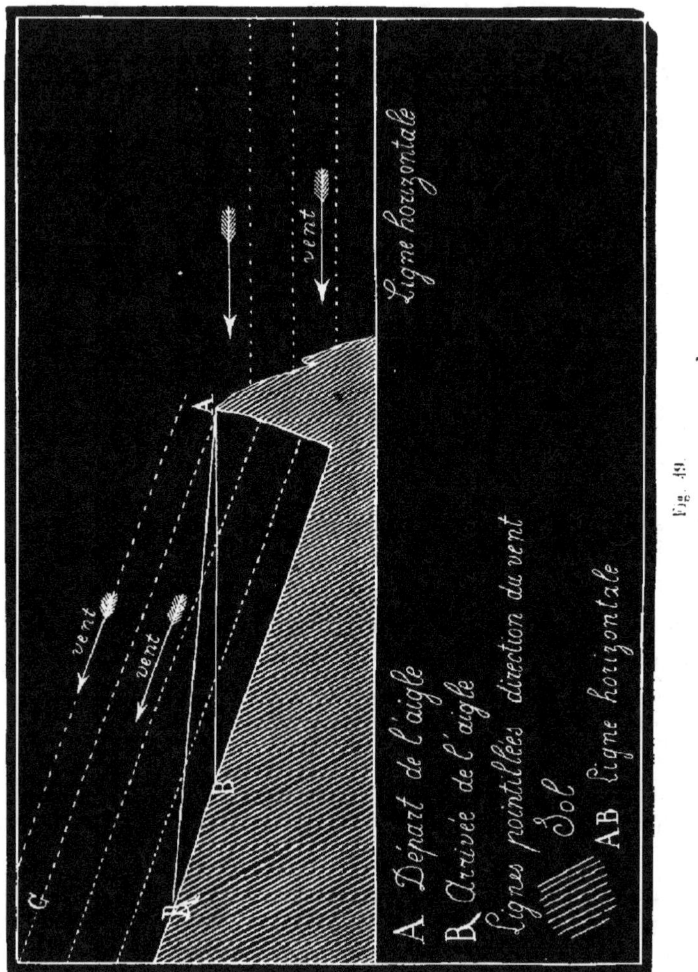

Ce calcul de l'aigle n'a pas été remarqué. Les pâtres qui voient leur agneau emporté ne s'informent guère s'il y avait du vent ou non, au moment du rapt ; mais soyez sûr

que l'aigle s'en était préalablement assuré et aussi de sa force
et de sa direction, et cela avec le plus grand soin. Il avait
évalué à l'œil le poids de son agneau ; puis, comme il con-
naissait, à quelques grammes près, ce que sa force lui per-
mettait d'emporter en air calme, il avait calculé de combien
l'excédant de poids ferait fléchir son vol horizontal et, d'autre
part, de combien le relèverait le mouvement ascensionnel du
vent, et il savait d'avance si le résultat final de ces différentes
forces serait une chute ou un enlèvement.

Cette méthode d'enlever les agneaux n'infirme point ce
que j'ai dit de l'exagération des récits qu'on nous fait sur la
force de l'aigle. Dans le cas présent, ce n'est pas lui qui enlève, c'est lui qui est enlevé. Il y a, dans les puits de mines,
des planchers mobiles qui montent les ouvriers avec une
excessive rapidité ; mettez 100 kilogrammes sur les épaules
de ces ouvriers et faites-les remonter par le plancher mobile
à 300 mètres ; il n'en faudra pas conclure qu'ils ont la force
de s'élever à 300 mètres en quelques minutes avec un poids
de 100 kilogrammes sur les épaules.

J'insiste sur ces détails pour combattre et détruire, si je
le puis, cette idée fausse que les oiseaux sont des êtres pro-
digieux et doués d'une force titanesque dont les descendants
de Japhet ne pourront jamais reproduire les effets.

Cette idée fausse a, suivant moi, puissamment contribué à
détourner les recherches de la voie qui devait probablement
conduire au succès. Je voudrais qu'à l'avenir elle ne les en
détournât plus.

Les moyens d'attaque des oiseaux de proie varient suivant
leur espèce, et suivant l'espèce de leur proie. Ils sont très-
variés, et très-ingénieux.

Ils fourniraient la matière d'un chapitre curieux et amu-
sant. Mais ce serait là de la fauconnerie ou au moins de
l'histoire naturelle. Maintenons-nous sur le terrain de la locomotion aérienne qui est bien loin d'être épuisée. Il me reste
des études à faire ; mais il faudrait entreprendre quelques
voyages, ce que je ne puis faire maintenant.

CHAPITRE XVII

COMMENT L'HIRONDELLE SAISIT SA PROIE SUR UN PLAN VERTICAL

Je crois avoir exposé, d'une manière à peu près complète, les grands principes du vol. Quelques détails demeurent obscurs, peut-être les éclaircirai-je plus tard. En tous cas, je les ai consciencieusement signalés, en appelant sur eux les investigations des observateurs.

D'autres détails paraissent trop minutieux pour valoir la peine d'une exposition détaillée. Cependant, j'en produirai un seul, à titre d'échantillon et de vérification ou preuve des règles que j'ai données.

Il ne suffit pas, pour établir la réalité d'un système, de démontrer qu'il peut s'appliquer à un certain nombre de cas déterminés ; il faut montrer qu'il s'applique à tous et spécialement à ceux qui semblent contredire les règles.

Ainsi, par exemple, nous avons vu page 19 que, dans le vol, le plan de l'aile devait demeurer horizontal, la surface inférieure de l'aile tournée vers le sol et les ailes étendues des deux côtés de l'oiseau.

Lorsque l'hirondelle veut happer un insecte posé sur une muraille, comment s'y prendra-t-elle ? se poser elle-même sur la muraille pour y saisir l'insecte serait contre ses habitudes ; l'hirondelle mange et boit au vol et ne se pose jamais que pour se reposer ou chercher les matériaux de son nid.

Elle possède bien un peu le vol de côté que le sphinx pratique si bien, et le vol en arrière que possèdent à un bien plus haut degré les abeilles, frélons, guêpes et bourdons ; elle peut donc, à la rigueur, raser une muraille par un vol oblique en tenant sa tête tournée vers la muraille ; mais, dans ce vol, ses mouvements manquent entièrement de précision, de sorte que jamais elle ne s'en sert pour chasser. Elle doit donc raser la muraille en lui présentant le flanc : mais alors la longueur de ses ailes, bien supérieure à celle de son col, ne lui permet pas d'amener son bec à portée de la muraille; elle le peut d'autant moins que l'hirondelle ne remue pas la tête de côté en volant, comme le font certains oiseaux, par exemple le corbeau, que j'ai observé souvent, et, aussi, dit-on, l'aigle et l'albatros. Ces oiseaux, en volant, remuent et tournent la tête en tous sens. L'hirondelle fait la même chose quand elle est posée et surtout quand elle est dans son nid et regarde par la fenêtre ; mais, une fois au vol, sa tête n'a plus d'autre mouvement que celui d'un abaissement vertical que l'on peut observer quand l'oiseau rase l'eau en y trempant son bec pour boire ou prendre un insecte aquatique. Chateaubriand avait observé, avant nous, ce mouvement.

> Te souvient-il du lac tranquille
> Qu'effleurait l'hirondelle agile?

Si l'hirondelle veut, sans suspendre son vol, amener son bec auprès d'une muraille ou d'un autre plan vertical, elle doit donc user de stratagème, et voici ce qu'elle fait : nous supposerons qu'elle longe une muraille placée sur sa droite.

Au moment où l'hirondelle arrive vis-à-vis de l'insecte qu'elle veut saisir, elle place son corps dans une position inclinée, ou couchée, le ventre tourné du côté de la muraille. Elle opère ce mouvement en portant vivement le poids de son corps sur l'aile gauche, ce qui lui imprime un mouvement de roulis assez fort pour la coucher sur le flanc. Cela fait, l'aile droite cesse d'agir et demeure élevée verticalement au-

dessus du corps de l'oiseau. Cette aile cesse dès lors de faire
obstacle à l'approche de la muraille. L'oiseau ne craint plus
de se briser les pennes ; il pourrait, sans danger pour son aile
droite, s'approcher assez pour toucher la muraille avec ses
pattes ou son corps ; mais il s'en garde bien, son vol serait
interrompu : il lui suffit de la toucher avec son bec. C'est ce
qu'il exécute au moyen du mouvement de tête dont nous
avons parlé. Il l'allonge dans la direction de son ventre ; et
comme son ventre se trouve tourné vers la muraille, il allonge sa tête vers la muraille ; seulement, le vol ne peut plus
se pratiquer suivant la méthode ordinaire : 1" parce que
l'aile droite doit demeurer perpendiculaire, et par conséquent inutile, jusqu'à ce que le mouvement soit terminé ;
2" parce que l'aile gauche ne pourrait frapper seule sans
imprimer à l'oiseau un mouvement de roulis à droite qui le
redresserait et ferait manquer l'opération. Cependant, pour
ne pas tomber, il faut trouver deux points d'appui, et deux
points d'appui opposés, parce que c'est de cela que se compose le vol. Le premier se trouve facilement : c'est l'aile
gauche ; le second se produit avec la queue de l'oiseau.
Cette queue est douée, nous l'avons dit, d'un mouvement
de rotation sur son axe qui lui permet de se placer dans une
position horizontale, quoique le corps de l'oiseau se soit
placé dans une position inclinée. Elle pivote donc sur elle-
même, présente au sol sa surface inférieure et, pour suppléer, autant qu'elle le peut, à l'absence momentanée d'une
aile, elle s'étale de toute sa largeur. L'oiseau a dès lors ses
deux points d'appui : seulement, il faut qu'ils soient placés
à peu près l'un vis-à-vis de l'autre, pour qu'ils puissent se
contre-balancer et afin d'éviter un renversement qui ne
manquerait pas de se produire, si leur effort se coupait à
angle droit, comme le font une aile et une queue qui con-
servent leur position ordinaire. Donc, l'oiseau porte son aile
gauche tout à fait en avant, en même temps qu'il porte à
droite sa queue placée à l'arrière, de sorte qu'il retrouve,
comme dans le vol ordinaire, deux points d'appui opposés :

seulement, au lieu d'être posée carrément entre ces deux points d'appui, la ligne du corps se trouve momentanément placée dans une position diagonale.

Il reste à équilibrer l'effort des deux points d'appui ; l'aile est bien plus puissante que la queue. L'oiseau la serre, la raccourcit et la rétrécit si bien qu'il la ramène à une action égale. Inutile d'ajouter que, dans ce mouvement, l'aile gauche ne frappe pas, mais prend seulement en l'air un point d'appui pareil à celui de la queue.

Le tour exécuté et l'insecte saisi, l'hirondelle s'éloigne de la muraille en descendant et reprend son vol ordinaire.

Tout cela s'exécute en un clin d'œil. Pour saisir parfaitement l'ensemble des mouvements, il faut être placé au-dessus de l'oiseau, et l'on distingue mieux la manœuvre si elle est exécutée par une hirondelle de cheminée.

Il n'y a certainement rien dans ces opérations qui puisse être imité par l'homme : les gros oiseaux mêmes ne les tenteront jamais. Mais j'ai cru utile de suivre l'oiseau dans une circonstance tout à fait spéciale et exceptionnelle, et démontrer que les principes du vol demeurent immuables, lors même que leur application doit nécessairement subir une transformation totale.

CHAPITRE XVII

DU MODE D'EXPÉRIMENTATION

Il y a longtemps qu'on a dit : *Savoir, c'est pouvoir*.

La théorie de la direction aérienne étant connue, le vol ramé et le vol à voile entreront dans nos mœurs et deviendront avec le temps d'un usage habituel. La construction d'un appareil peut présenter des difficultés, mais non des impossibilités. Ce qui me semble le plus difficile, c'est de former le premier machiniste qui devra diriger le premier appareil.

Cette formation elle-même serait aussi facile et aussi rapide que celle d'un nageur, s'il n'y avait une circonstance aggravante, celle du péril qu'on court en s'élevant dans l'air ou en s'y précipitant d'un lieu élevé. J'ai dû me préoccuper des moyens de supprimer ce péril, et voici ce que je propose.

Il faut expérimenter d'abord le vol à voile, et l'expérimenter au-dessus d'une eau assez profonde : l'oiseau empruntant, dans le vol à voile, toute sa force au vent, on sera provisoirement débarrassé de la question capitale du moteur : l'expérimentateur sachant nager, il ne risque qu'un bain froid, ce qui est sans danger quand la température est douce.

L'expérience devant avoir lieu en temps de vent, l'élévation peut s'acquérir sans effort à l'aide d'un cordeau tenu du rivage qui fera monter l'appareil contre le vent, comme la ficelle fait monter le cerf-volant.

L'expérimentateur conservera ou abandonnera ce cordeau suivant sa volonté. Il se maintiendra constamment au-dessus de l'eau, et, pour éviter les risques d'une descente sur terre où, faute d'habitude, il pourrait se briser, il descendra dans l'eau, où des barques seront prêtes à le recueillir.

Ainsi se feront les premières expériences, jusqu'à ce que l'expérimentateur ait acquis assez d'habileté pour pouvoir diminuer à volonté sa vitesse et la détruire tout à fait au moment de prendre terre. Les oiseaux le font avec une grande facilité, surtout en temps de vent. Leur manœuvre, ci-dessus décrite, est très-simple et très-facile à imiter ; il faudra seulement un peu d'habitude.

Ou bien il faut se placer dans un courant d'air ascendant (*V.* fig. 49), que l'on peut se procurer, non en toutes circonstances, mais au moins dans des circonstances bien fréquentes. L'appareil se tiendra immobile en l'air, à peu de distance du sol, la tête dans le vent, descendant sur la colonne d'air ascendante d'une quantité égale à l'ascension de la colonne d'air et fixe quant à la place occupée au-dessus du globe terrestre. Le vol, circonscrit de la sorte, se réduit à une descente sur un plan incliné, descente qui sera certainement jugée praticable même par ceux qui n'admettraient pas, dans toute son étendue, ma théorie du vol à voile. Seulement, il serait nécessaire d'entourer le lieu de l'expérience de filets disposés de manière à prévenir les accidents. L'expérimentateur, une fois exercé, se lancerait dans l'air libre.

Ce ne sera là qu'un point de départ et un premier pas, puisqu'on ne pourra quitter le flanc des montagnes. Mais le vol n'en sera pas moins découvert et démontré par la pratique. En attendant mieux, les Français pourront franchir par la voie aérienne la distance de Saint-Sébastien à Perpignan et de Dijon à Carcassonne, et les Américains les 50 degrés qui séparent Caracas de Valdivia.

CHAPITRE XIX

RÉSULTATS UTILES DE LA DIRECTION AÉRIENNE

Malgré l'invention des chemins de fer, le vol est appelé à donner d'immenses résultats.

Les chemins de fer rivalisent de vitesse avec les oiseaux pesants ou mal voilés ; l'express devance, par exemple, les corneilles et les martins-pêcheurs, mais il est distancé par nos oiseaux de haut vol ; il le serait énormément par le martinet noir, le meilleur rameur de nos pays et par la frégate qui est le meilleur rameur marin ; il le serait aussi par les grand voiliers, tels que l'albatros, si ce que racontent unanimement les voyageurs est vrai. Je n'ai pas vu ces oiseaux vivants ; la structure de la frégate étant celle d'un grand martinet, il est évident qu'elle est principalement taillée pour le vol ramé ; mais on assure qu'elle fait aussi du vol à voile, et cela avec une excessive rapidité.

« La frégate, les ailes étendues, *immobiles*, semble glisser avec la vélocité d'un trait sur la surface de l'air. » (Valmont-Bomare, *Dictionn. d'hist. nat.*, t. V, p. 625.)

C'est la peinture évidente du vol à voile. Elle se trouve aussi exacte dans Buffon.

Valmont continue :

« Elle s'éloigne des côtes jusqu'à trois et quatre cents lieues en mer, sans que son vol soit moins prompt, paraisse plus pénible, et qu'il annonce aucune lassitude. »

On sait que les frégates se laissent tomber dans l'eau pour y saisir le poisson, mais qu'elles ne peuvent pas, comme les albatros, se reposer sur l'eau, parce que, malgré les rudiments de palmes que portent leurs pieds, elles coulent à fond en peu de minutes. Elles doivent donc faire leur course d'affilée, aller et retour. Cela représente huit cents lieues, en supposant qu'elles aient couru en ligne parfaitement droite ; et, si elles ont pêché et fait quelques détours, elles ont franchi leurs mille lieues sans se reposer et dans l'espace d'une journée.

Nous avons vu plus haut que le vol à voile ne donne lieu à aucune dépense de force autre que celle que fournit le vent. On ne voit donc pas bien ce qui s'opposerait à ce que l'homme reproduisît, en temps de vent, les exploits de la frégate.

Au surplus, la vitesse du vol varie étrangement, non-seulement d'une espèce à l'autre, mais même d'un moment à l'autre, chez le même oiseau, suivant son caprice, suivant son besoin, suivant l'état de l'atmosphère et suivant la direction du vol. Hubert estime que le faucon, lorsqu'il poursuit sa proie, parcourt, dans le même espace de temps, 100 mètres en s'élevant contre le vent, sous un angle de 15 degrés, 500 mètres en volant horizontalement dans le sens du vent, 600 mètres en volant dans le sens du vent sous une faible pente et 10,000 mètres en opérant une descente verticale (*V*. p. 21-22).

Le vol à voile paraît être principalement l'apanage des oiseaux pesants ; les vautours, le condor, l'aigle, le pratiquent assidûment ; les oiseaux moyens le pratiquent mal ; les petits oiseaux et les insectes ne le pratiquent pas du tout.

Par analogie, on doit supposer que le vol à voile sera l'allure naturelle des êtres plus lourds que les oiseaux volants.

C'est principalement comme instrument de guerre que nous allons apprécier l'appareil volant.

Quand sa vitesse ne devrait pas dépasser celle des chemins de fer, ce qu'il est impossible d'admettre, il rendrait encore des services qu'on ne peut pas espérer de ceux-ci.

D'abord, il se dirigerait en tous sens et non sur une ligne droite et inflexible ; ensuite il ferait des transports par petites coupures ; on ne serait pas obligé, pour transporter un homme, de faire partir une locomotive capable d'en transporter cinq cents ; ensuite, le nombre de départs serait illimité, et la rencontre entre les trains ne serait jamais à craindre.

Ensuite on aurait une voie indestructible ; il ne suffirait pas qu'un parti ennemi enlevât quelques dés ou fît sauter une arche pour rendre inutile toute une ligne et impossible toute communication.

L'ennemi n'aurait pas plus de prise sur le voyageur lui-même que sur la voie qu'il aurait à parcourir. On n'intercepterait plus les courriers et les ordonnances ; ils traverseraient tranquillement les pays ennemis et les armées ennemies, se tenant au-dessus de la portée du canon et ne prenant même pas la peine de dissimuler leur passage.

Ensuite on détruirait les arsenaux, les poudrières et les fourgons d'artillerie. Un appareil volant arriverait au-dessus apportant avec lui des bombes entourées de capsules ; comme il dominerait tout le pays et distinguerait parfaitement son but, il le manquerait rarement ; et, comme il pourrait laisser tomber ses bombes d'une hauteur illimitée, elles acquerraient dans leur chute une force de pénétration très-supérieure à celle des bombes usitées maintenant. On écraserait de grenades les bivacs et les troupes en marche ou en ligne ; on atteindrait, à toute distance, les réserves qui peuvent être aujourd'hui protégées par l'éloignement ou abritées derrière un pli de terrain.

On pourrait aussi couvrir à volonté les vaisseaux de guerre de matières inflammables ou explosibles.

La portée des bombes, aujourd'hui bornée à quelques milliers de mètres, et à quelques centaines, si on tient à la justesse du tir, deviendrait à peu près illimitée. Sans risquer une armée dans le pays ennemi, on en pourrait brûler ou faire sauter telle partie qu'on croirait utile.

Étudiez quelques-unes de nos batailles modernes ; il n'y en a pas une dont l'issue n'eût été différente, si le vaincu avait eu à sa disposition quelques centaines de ces appareils, et le sort de plusieurs aurait été changé par la possession d'un seul. Je prends les deux journées de funeste mémoire où le sort de la France s'est décidé, en 1814 et 1815, Paris et Waterloo.

1° 50 mars 1814. Paris.

Paris fut pris le 50 mars 1814 ; mais, depuis le 24, les alliés étaient en marche pour le prendre ; Marmont en fut instruit le 25 ; mais ses communications terrestres avec l'Empereur étaient coupées. Napoléon ne le sut que le 27, et c'est le 29 seulement qu'il connut l'état de démoralisation qui s'était emparé de Paris et qui y rendait sa présence nécessaire. Il partit en toute diligence, mais il arriva après la reddition de la ville.

On avait bien essayé de lui faire parvenir des nouvelles. Le 25, un courrier lui portait des dépêches de l'impératrice et du duc de Rovigo ; mais *ce courrier fut intercepté par les alliés*, et les renseignements qui devaient éclairer l'Empereur servirent à guider l'ennemi et à déterminer sa marche sur la capitale.

Si quelques appareils volants avaient été à la disposition de la France, le courrier du 25 ne pouvait manquer d'arriver. Le 25, Marmont en expédiait un second dans la matinée. L'Empereur avait devant lui cinq ou sept jours pour organiser sa défense, et il pouvait l'organiser lui-même sans presque quitter son armée ; avec un appareil volant, il y avait quatre heures et peut-être deux de Troyes à Paris. L'Empereur acquérait presque un privilége d'ubiquité. Il avait donc tout le temps : 1° de mettre Paris hors d'insulte ;

2° d'exécuter la grande manœuvre qui devait enfermer l'ennemi entre son armée et la capitale.

Que fallait-il pour cela? Deux ou trois appareils du prix de 1,200 francs chacun.

2° 18 juin 1815. Waterloo.

Il est certainement inutile de démontrer que la bataille de Waterloo était gagnée par l'Empereur sans l'absence de Grouchy qu'il attendait, et la présence des Prussiens, qu'il n'attendait pas.

L'Empereur croyait Grouchy parfaitement édifié sur ce qu'il avait à faire. Le 17, à dix heures du soir, il lui avait expédié un courrier *qui n'arriva pas*, mais que l'Empereur croyait arrivé.

Cependant, pour plus de sûreté, le 18, à trois heures du matin, il lui expédia un duplicata de la même dépêche. *Ce second courrier eut le même sort que le premier*, et l'Empereur l'ignora de même. A onze heures et demie, il lui expédia un troisième courrier, qui arriva à quatre heures : Grouchy se méprit sur le sens de la dépêche.

Enfin un dernier courrier fut expédié à une heure. Il arriva à six heures du soir ; Grouchy comprit, mais il était trop tard.

Il y avait quatre ou cinq lieues de distance entre les deux états-majors. Il fallait vingt minutes à un appareil volant pour les parcourir à travers les airs, et à Grouchy quatre heures pour les parcourir avec son corps d'armée par la voie terrestre. Quand il n'aurait reçu que le dernier courrier, qui lui serait arrivé à une heure et demie, à cinq heures et demie il devait être sur le champ de bataille.

L'issue de la journée changeait du tout au tout, et une éclatante victoire remplaçait une irrémédiable défaite.

Mais, dans la supposition de communications aériennes, la première dépêche, celle du 17, ne pouvait pas manquer de parvenir, d'abord parce qu'elle était à l'abri des entreprises de la cavalerie prussienne ; ensuite parce que, la réponse devant être obtenue en une heure, si, à onze heures du soir, l'Empereur ne l'avait pas eue, il aurait expédié un second messager. Comme la bataille ne commença qu'à onze heures et demie du matin, il avait encore le temps d'expédier douze courriers et de recevoir douze réponses.

Voilà à quoi tiennent quelquefois les destinées des empires.

La voie aérienne servira le commerce, mais dans des limites restreintes ; elle n'arrivera jamais au bon marché de la navigation ; mais, dans les cas pressés ou périlleux, elle aura toujours sur elle l'avantage de la rapidité et celui de se jouer des obstacles aujourd'hui insurmontables. Avec elles, il n'y a plus de systèmes prohibitifs possibles ; il n'y a plus de blocus, plus de murailles, plus de falaises, plus de bras de mer.

Une vive impulsion sera donnée aux études atmosphériques, si nombreuses, si variées et si en retard : l'extrème bon marché des ascensions permettra de les renouveler sans cesse.

Il n'est pas bien prouvé qu'aucun ballon ait jamais dépassé de beaucoup la hauteur de 7,000 mètres. Humbolt a vu le condor s'élever à 7,300 mètres ; rien ne prouve qu'il ne monte pas plus haut. La frégate, bien plus puissamment armée pour le vol que le condor, doit s'élever au-dessus de lui : mais, comme elle se tient toujours au-dessus des mers et non au-dessus des montagnes, on la perd de vue longtemps avant que son ascension soit terminée ; et, quand on l'apercevrait, on n'aurait aucun moyen de déterminer sa hauteur.

CHAPITRE XX

CONCLUSION

L'importance de la direction aérienne est trop généralement sentie pour qu'il y ait utilité à la discuter plus longuement.

Le plus urgent était d'en démontrer la possibilité, et, après avoir exposé la théorie, de passer à l'application.

Le vol, tel que le pratiquent journellement les oiseaux, se compose de sept mouvements très-faciles à constater et à reproduire.

Autrefois on a parlé beaucoup de la nécessité d'un point d'appui et de l'impossibilité de le trouver ; le vol des oiseaux n'est qu'un point d'appui perpétuel pris par eux sur l'air dans toute l'étendue de leur appareil de vol. En variant leur manière de s'appuyer, ils produisent les sept mouvements qui constituent les ailes.

En ce qui concerne les ailes :

1° Mouvement de haut en bas ;

2° Mouvement latéral (d'avant en arrière) ;

3° Mouvement de torsion qui, en se combinant avec les deux premiers, produit les mouvements diagonaux.

En ce qui concerne le gouvernail :

4° Mouvement de haut en bas ;

5° Mouvement latéral (de gauche à droite et de droite à gauche) ;

6° Mouvement de torsion.

En ce qui concerne le centre de gravité :

7° Possibilité de le déplacer de gauche à droite et réciproquement. Le déplacement d'avant en arrière et d'arrière en avant se produit par le mouvement n° 2 des ailes (fig. 5).

Il suffit de reproduire ces sept mouvements pour obtenir la direction aérienne.

Chez les oiseaux, 10 à 11 décimètres carrés de surface d'aile correspondent à peu près à un poids qui varie de 250 à 1,000 grammes.

Un homme moyen pèse 60 kilog.; mettons-en 90 pour l'appareil, nous aurons un total de 150 kilog., exigeant par suite de 15 à 40 mètres carrés. Donnons-lui, par exemple, 20 mètres carrés d'aile, plus le gouvernail. La forme moyenne d'une aile étant dans le rapport de 1 mètre de large pour 2 mètres 50 cent. de long, les ailes auront chacune 10 mètres carrés, soit 4 mètres 70 cent. de long sur 2 mètres 13 cent. de large.

Il n'y a rien là de monstrueux, et nous sommes loin des calculs qui, pour soutenir un homme, demandaient une surface de 5,000 mètres carrés.

Quant au mécanisme, il pourra faire l'objet d'une communication ultérieure.

Il serait désirable que le gouvernement voulût bien s'associer, dans certaines limites, aux recherches tentées dans l'intérêt de la science. Ainsi, par exemple, les officiers de marine parcourent toutes les mers et voient voler tous les oiseaux du monde ; il n'y a pas un de ces officiers qui ne les ait considérés avec plus ou moins de curiosité et d'intérêt, aucun n'a fait connaître le résultat de ses observations. Il faudrait leur donner un questionnaire et les inviter à le remplir. Les grandes lois du vol étant maintenant connues, on acquerrait des notions précieuses sur leurs divers modes d'application.

Et s'il est difficile au gouvernement de subventionner les travaux de recherches sur la direction aérienne, parce qu'ils sont trop variés et d'un succès *en apparence* trop incertain, ne pourrait-i!, au moins, les encourager par des promesses réalisables seulement après le succès?

Ne pourrait-on pas offrir une prime de 10,000 francs au créateur du moteur le plus léger et le plus puissant?

Et, pour aller tout de suite au but, que risquerait l'État à offrir une prime d'un million au premier qui se dirigera en l'air *à la manière des oiseaux?*

Il risque que sa prime ne soit pas gagnée de sitôt ; mais alors il ne débourse rien.

Et si elle est gagnée, pourra-t-il la regretter? Napoléon Ier l'avait offerte pour une découverte moindre. Maintenant que nous avons la poudre, l'imprimerie, la vapeur et le télégraphe électrique, pouvons-nous concevoir une plus grande et plus utile découverte que celle de la direction aérienne?

Napoléon III a donné des preuves de l'intérêt sérieux qu'il porte à la découverte de la direction aérienne.

Si le gouvernement s'abstient et reste neutre, les recherches continueront et aboutiront sans lui ; mais son concours accélérerait la réussite.

TABLE DES MATIÈRES

TABLE DES FIGURES

PARIS. — IMP. SIMON RAÇON ET COMP., RUE D'ERFURTH, 1.

ERRATA

Page 45, ligne 50, *après* .... une entaille très-prononcée (figure 35), *ajoutez :* Elle a cela de commun avec plusieurs autres chauves-souris, fait que je crois spécial à ce genre et unique dans les annales, etc.

Page 59, ligne 19, *après* .... chez les coléoptères, *ajoutez :* Peut-être est-il tout retrouvé chez l'oiseau de paradis, l'épimaque, les séleucides, lophorines, etc.

Page 70, ligne 14, *après* .... au lieu de 5, *ajoutez :* Dubochet de Nantes dit (page 41) : « La chute des graves est dans la première tierce de $0,0014 \times 60 = 0,084$ (trois pouces) pendant une seconde. »

Page 68, ligne 12, *après* .... de d'Arcussia, *ajoutez :* « *je n'ai jamais vu faire aux tagarots, chose qui mérite d'être citée, pour ce qu'ils ont le corps fort petit à la proportion de leurs ailes, ce qui fait qu'ils craignent fort le vent.* » (Fauconnerie de d'Arcussia, page 55).